Reprenez le contrôle de votre cerveau !

Psycho - logiques

Collection fondée par Philippe Brenot
et dirigée par Joël Bernat

Sans exclusives ni frontières, les logiques président au fonctionnement psychique comme à la vie relationnelle. Toutes les pratiques, toutes les écoles ont leur place dans Psycho - logiques.

Dernières parutions

Philippe Cialdella, *ADN et globules blanc au secours de l'aliéné*, 2024.
Patrick TRAUBE, *Le psychothérapeute et son double. L'acoustique de l'âme*, 2024.
Germán HERRERO, *Écoutez-moi ! Approche contemporaine du cheval*, 2024.
Laurence BARRER, *Autisme = mc². Révolutionner la recherche sur le psychisme par la démarche scientifique*, 2024.
Jean-Curt KELLER, *Intersubjectivité. Une conception interactionnelle du psychisme*, 2024.
Fabrice BAK, *Le haut potentiel intellectuel réalisé. Vivre enfin et ne plus survivre*, 2024.
Michel MANAVELLA, *L'animal métaphysique, Petit manifeste de psychologie existentialiste*, 2023.
Alain DENIS, *L'enfance, et alors ! Chronique pédiatrique*, 2023.
Gérard NETTER, *La haine de l'autre, exutoire de la haine de soi. Approche clinique*, 2023.
Matthieu JULIAN, *L'insomnie chronique à l'adolescence. Genèse, fonctions et facteurs de chronicisation*, 2023.
Claude BERGHMANS, *Spiritualité et santé mentale. Approches thérapeutiques émergeantes*, 2023.
Nicolas SAJUS, *Souffrance sans influence. Pour une éthique de la relation d'aide*, 2023.
Marie Claude BARBIN, *Briser les silences, Témoignage d'une psychologue*, 2023.
Liviu POENARU, *Inconscient économique*, 2023.

Didier Roehrig

Reprenez le contrôle de votre cerveau !

Manuel pratique de gestion des émotions

L'Harmattan

Du même auteur

Éditions Satas

Le monde merveilleux du sommeil

L'éléphant blanc et autres contes hypnotiques

Éditions L'Harmattan

L'empreinte du passé

Une étrange rencontre

Clair de lune

5-7, rue de l'Ecole-Polytechnique, 75005 Paris

http://www.editions-harmattan.fr

ISBN : 978-2-336-45270-8
EAN : 9782336452708

Sommaire

Définition du concept de « santé mentale » par l'Organisation mondiale de la santé en 2001 :

« La santé mentale peut être définie comme un état de bien-être dans lequel une personne peut se réaliser, surmonter les tensions normales de la vie, et contribuer à la vie de la communauté »

Avant que vous ne commenciez votre lecture, j'aimerais faire une précision importante. Je n'ai pas voulu écrire cet ouvrage comme une œuvre littéraire ou une réflexion sur tel ou tel sujet. Le ton ainsi que la construction des phrases que vous allez trouver ici vont vous sembler familiers, et c'est voulu ! J'ai écrit ce livre en m'adressant directement à vous, je vais vous parler comme si vous participiez à un de mes ateliers, et partager avec vous, le fruit de plusieurs années d'expérience en matière de gestion des émotions.

Un petit clin d'œil aux influenceurs qui adorent répéter :

« Toi qui m'écoutes, ce livre c'est pour toi ! »

Nous vivons dans une société au sein de laquelle nous essayons, tant bien que mal, de comprendre le fonctionnement de tous les objets qui nous entourent. De la cafetière au smartphone, de la voiture à l'ordinateur, du grille-pain au dernier logiciel à la mode. Nous sommes entourés de modes d'emploi divers et variés qui nous expliquent comment se servir de ces objets qui composent notre quotidien. *(Au passage j'aimerais attirer l'attention des fabricants de ces modes d'emploi sur le fait que plus on avance en âge, plus il semble que la police d'écriture des notices d'utilisation rétrécît, étrange n'est-ce pas ?)*

Rassurez-vous, si vous n'avez plus le mode d'emploi, si vous l'avez égaré, il vous suffira de le télécharger sur le site du fabricant ou de regarder un tuto sur YouTube...

Et pourtant...

La seule chose dont le fonctionnement semble ne pas nous intéresser, une chose pourtant tellement essentielle pour nous qu'elle mériterait à mon avis qu'on lui accorde un peu plus d'attention, il s'agit de notre propre « mode d'emploi », de notre fonctionnement, il s'agit de nous-mêmes ! Nous n'avons pas le mode d'emploi de cet « outil » qui nous sert 24 h sur 24, 7 jours sur 7, et cela de notre première inspiration jusqu'à notre dernière expiration.

Je ne vais pas vous parler ici de quête spirituelle, de métaphysique philosophique, de la recherche d'une énième forme de développement personnel, mais de l'apprentissage réel de notre propre fonctionnement, car si ce livre, comme l'indique son titre, se veut être un *manuel pratique de gestion des émotions,* il va dans un premier temps être question d'apprendre le mode d'emploi de nos émotions, de notre fonctionnement émotionnel, pour pouvoir ensuite utiliser les outils qui vont vous permettre de les gérer.

Alors j'entends déjà les cris d'orfraie de certains qui vont clamer : « *c'est trop difficile, je n'ai pas les capacités, je n'y arriverai pas, ce n'est pas pour moi, etc.* », et quelque part ils ont entièrement raison ! mais seulement quelque part... car apprendre le fonctionnement des systèmes endocrinien, cardiovasculaire, digestif ou pulmonaire, c'est l'apanage des candidats à la faculté de médecine, et c'est tout à fait normal que vous trouviez cela compliqué, difficile, ardu, sinon les études de médecine seraient beaucoup plus courtes. Cependant, si on peut laisser le mode d'emploi de ce que l'on appelle nos « fonctions vitales », et de leurs différentes pathologies, à la discrétion des professionnels de santé, pourquoi ne pas s'intéresser au mode d'emploi de ce qui nous complique l'existence jour après jour, au quotidien, c'est-à-dire de nos émotions ?

Quand les professionnels de santé sont là pour s'occuper de notre santé physique, chacun de nous à son niveau, de sa place, peut s'occuper de ses émotions et donc de sa propre santé mentale, et c'est ce que nous allons voir.

Avons-nous besoin de faire de longues études de médecine pour cela ? La réponse est non, avons-nous besoin de capacités intellectuelles particulières pour comprendre le mode d'emploi de nos émotions, la réponse est également non, avons-nous besoin d'y passer des heures, pour apprendre des choses difficiles et rébarbatives ? La réponse est toujours non !

Un philosophe de l'Antiquité qui a eu son petit succès à l'époque (*sic*) et dont on parle toujours actuellement, j'ai nommé monsieur Platon, disait que « *la connaissance éloigne la peur* », il avait tellement raison ! Mais vous le saviez déjà, nous avons peur surtout, de ce que nous ne connaissons pas... Alors, apprendre comment fonctionnent nos comportements, nos émotions, c'est connaître et apprendre à apprivoiser celui que nous considérions comme un ennemi, alors qu'il est essentiel à notre vie, vous avez découvert son identité ? Non ? Laissez-moi vous donner encore quelques indices : il se manifeste lorsque vous êtes déjà en retard sur votre horaire prévu et qu'un incident sur la route bloque le trafic, et dire que cette réunion est tellement importante pour votre carrière... C'est lui qui se manifeste lorsque sans crier gare, un collègue de travail remet en cause votre implication dans l'entreprise, et cela évidemment devant tout le monde... C'est aussi celui qui fait dire à votre enfant de six ans juste avant son départ pour l'école : « *j'ai mal au ventre...* » vous l'avez certainement deviné, il nous accompagne depuis notre naissance jusqu'à notre trépas, responsable de nos peurs, de nos sautes d'humeur, de nos angoisses, vous ne voyez toujours pas de qui je parle ?

Il s'agit de Mister stress !

Le premier pas vers la connaissance de notre fonctionnement émotionnel nous amènera à la mise à distance de la peur et au retour de la confiance, et c'est pour cela que ce livre existe, alors bonne lecture !

Introduction

Qu'est-ce que le soin ?

Imaginez pendant quelques instants que vous voyagez dans le temps, pour vous retrouver emportés à Alexandrie au premier siècle après J.-C.

La ville égyptienne était à cette époque considérée comme *« le grand centre intellectuel »* de la Méditerranée. Économiquement reconnue en tant qu'important carrefour maritime entre l'Asie Mineure et la Méditerranée occidentale. À la croisée de plusieurs mondes, grec, juif, romain, mais aussi asiatique, elle était également réputée comme un lieu de foisonnement intellectuel où les savants les plus illustres venaient faire leurs recherches et apprendre d'autres civilisations. Ce remarquable bouillonnement philosophique, intellectuel et scientifique, s'étendit sur plus de 700 ans, entre l'époque hellénistique (300 av. J.-C.) et la période néo-platonicienne (400 apr. J.-C.)

Nous sommes seulement quelques dizaines d'années après la mort du Christ, dont les fidèles ont commencé à se regrouper, créant une nouvelle religion encore balbutiante, qui se répand sur la ville et dans tout le pays. Dans cet environnement socioculturel en pleine mutation, des femmes et des hommes de science illustres marqueront l'histoire de cette ville cosmopolite du début de l'ère chrétienne, comme l'astronome *Hypatie* ou encore le philosophe alchimiste *Synésios de Cyrène*, pour ne citer qu'eux.

C'est entre l'an 20 et l'an 45 qu'une « secte » de thérapeutes[1] (*c'est ainsi qu'ils se désignaient eux-mêmes*), dirigée par un juif nommé Philon, apparut dans la brillante cité égyptienne.

Ayant reçu une éducation grecque traditionnelle, Philon dit « d'Alexandrie », brillant apologiste de la Bible (*qu'il étudiera au travers de la philosophie des écoles athéniennes*), distinguera très tôt dans son éthique, les passions mauvaises (*désir, peur, tristesse et plaisir*) des bonnes (*joie, précaution et le vouloir*). Comme tous les philosophes d'influence de cette ère, il s'entoure rapidement de « disciples » qui se proclament des « thérapeutes ». Ils décident ensemble de former une « communauté » qui part s'installer loin de la ville, pourtant moins polluée qu'aujourd'hui, précisément au bord du lac Maréotis, pour profiter de la douceur du climat et d'une moindre hygrométrie. Ils y pratiqueront pendant de nombreuses années, une grande variété de « *soins* » qui visaient à entretenir le corps et l'esprit dans un état de « bonne santé ».

À l'image d'Épicure et de son jardin, dont Philon avait reçu les enseignements, lui et ses adeptes s'adonnaient à des exercices physiques matinaux réguliers et cultivaient aussi bien des plantes aromatiques que médicinales. En avance sur leur temps, ils avaient développé un système avancé de cultures dites « associées », véritable

---

[1] *Thérapeute*, étymologiquement du grec ancien, *θεραπευτή*, ou *therapeutēs* signifie littéralement « *prendre soin* ».

agrosystème dans lequel les plantes établissaient des interactions négatives (*compétition*) ou positives (*facilitation écologique*).

On peut citer comme exemple, l'utilisation de la complémentarité tomate/basilic (*toujours utilisée dans le bassin méditerranéen*), dans laquelle la plante aromatique (le basilic) a un pouvoir protecteur du fruit contre les maladies telles que le mildiou, mais aussi l'association légumineuse/céréale, alternative intéressante à l'utilisation des protéines animales ou végétales, que l'on retrouvera beaucoup plus tard dans l'agriculture biologique.

Ils respectaient également l'alternance des cycles lunaires, pratiquaient l'étude de l'astrologie et de la cosmologie, arguant que l'on apprend plus dans l'étude de la nature que dans les livres qui la décrivent. On peut noter au passage que certaines recherches et expériences de *Rudolph Steiner (1861-1925),* fondateur de l'anthroposophie et de l'agriculture biodynamique, auraient été inspirées des méthodes et des travaux des thérapeutes d'Alexandrie.

Philon et ses camarades professaient que l'homme n'était pas « détaché » de la nature, mais faisait « partie intégrante » de cette dernière, sans pour autant en être dépendant. Ils prenaient « soin » d'eux-mêmes, aussi bien dans leur rapport avec cette nature (*par l'exercice physique, une alimentation saine et équilibrée, des compléments alimentaires sous la forme de tisanes ou de décoctions*), mais aussi dans leurs rapports les uns avec les autres. Ils expérimentaient pour cela des formes de méditation individuelles et collectives. Ils avaient de plus, développé un système de communication de groupe très particulier (que l'on retrouve encore aujourd'hui dans certaines associations), où chaque adepte devait avoir un projet qui lui tenait à cœur pour trouver un cap et donner du sens à sa vie. Ainsi, une fois par semaine, chacun d'eux venait parler devant l'assemblée, de l'avancement de ce projet personnel, tous pouvaient alors donner leur avis et étaient invités à leur tour à faire de même. Il n'était pas question de privilégier le positivisme, car les avis pouvaient tout aussi bien être négatifs, à condition d'être étayés et argumentés, dans ce cas, chacun devait alors entreprendre d'aider celui qui était dans l'incompréhension ou dans le besoin, pour lui permettre d'avancer dans son projet personnel.

Pourquoi vous parler des thérapeutes d'Alexandrie ?

Parce qu'ils avaient tout compris !

Ils savaient que pour rester équilibré il fallait à la fois :

- Vivre en harmonie avec la nature sans en être dépendant.

- Entretenir une bonne santé en pratiquant à la fois des exercices physiques et mentaux.

- Avoir une saine alimentation.

- Apprendre à communiquer différemment en utilisant l'empathie qui est notre capacité naturelle à reconnaître l'émotion de l'autre.

- Et enfin, s'appliquer à utiliser les moyens et les valeurs du collectif pour augmenter la résilience de chacun.

Pour eux, le « soin » représentait bien plus que rester en bonne santé, en combinant le bien-être physique au bien être mental, il s'agissait en fait d'aller encore mieux !

Tout au long de cet ouvrage, nous comment mettre en résonance notre mental et notre corps, afin de restaurer un cet équilibre « psychosomatique » si important dans notre vie personnelle, sociale ou professionnelle. Nous apprendrons à gérer nos émotions, améliorer notre communication, rectifier notre posture et notre attitude, pour retrouver cette harmonie entre le corps et l'esprit, si chère à l'esprit des thérapeutes d'Alexandrie !

Vous découvrirez également à quel point le soin, qu'on appelle aussi le *Care* en anglais, est cette capacité que nous avons naturellement à être bienveillants, empathiques et compatissants, ouverts à l'autre, altruistes. Toutes ces facultés, beaucoup de nous les ont perdues, laissées sur le bord du chemin d'une vie remplie de problèmes, de tracas, de doutes ou de peurs, pourtant elles vont être déterminantes pour entretenir la « bonne santé » de notre cerveau et de notre corps.

Vous réaliserez au fil des pages, à quel point « prendre soin », de nous, mais aussi de l'autre, est important pour notre santé mentale !

Qu'est-ce donc, la santé mentale ?

Parler de santé mentale crée un biais cognitif qui nous fait souvent penser à la maladie mentale, produisant un effet peu avenant, tant nous avons peur des maladies liées au cerveau, paroxysme pour beaucoup, de la perte totale du contrôle. Cependant, si la maladie mentale relève de l'intervention de professionnels, la santé mentale est quant à elle, réellement l'affaire de tous !

Faites-vous réellement une différence entre santé physique et santé mentale ? La réponse à cette question pourrait être normande : *peut-être bien que oui, peut-être bien que non !*

Un dépressif pourra certes avoir une excellente santé physique, mais pour combien de temps ? Il en sera de même pour une personne dans *un état de bien-être dans lequel elle pourra se réaliser* (selon la définition de l'OMS), si un jour cette personne perd sa santé physique, à cause d'une grave maladie ou d'un accident, même avec un « moral d'acier » combien de temps pourra-t-elle garder une bonne santé mentale ?

Nous connaissons tous des exemples d'interaction entre santé mentale et santé physique, au 1er siècle le poète satirique romain *Juvénal*, proclamait déjà cette formule célèbre *mens sana in corpore sano* « un esprit sain dans un corps sain », expression largement utilisée aujourd'hui aussi bien dans des contextes sportifs et éducatifs, et qui exprime la théorie selon laquelle l'exercice physique est un élément important voir essentiel au bien-être mental et psychologique.

À l'époque alexandrine, le soin ne se traduisait pas par la « guérison » d'une maladie, mais comme le fait *« d'entretenir ce qui fonctionnait »*, prendre soin englobait alors tous les actes de la vie quotidienne qui permettaient de rester en bonne santé, on appelle cela de nos jours de la prévention.

Par la suite, au bas Moyen Âge, en Occident, avec le développement de la médecine curative, l'apport d'Avicenne et de la médecine arabe, le soin s'est rapidement transformé en méthode de guérison. Il n'était donc plus question de prévention ni d'entretien de ce qui allait bien, mais plutôt d'essayer par des moyens, souvent empiriques, rarement scientifiques, mais « pseudo-scientifiques », de résoudre un problème de santé, c'est-à-dire, une altération de l'état normal de nos fonctions physiologiques.

Il est intéressant de noter que dans certaines sociétés dites « traditionnelles », en particulier asiatique ou africaine, « *prendre soin* » consiste toujours à notre époque, à *entretenir ce qui fonctionne*, il en est de même dans les territoires ultramarins comme l'île de la Réunion, où on « soigne » les enfants, comme on « soigne » les animaux, reproduisant ainsi des actes ancestraux qui consistent à « maintenir en bonne santé » plutôt que d'attendre que cette « bonne santé » dysfonctionne et d'essayer ensuite de la guérir.

De quelle santé mentale parle-t-on ?

Celle dont parlent les neurosciences ! Le terme de *neurosciences* apparaît vers la fin des années 1960, et si vous faites une recherche sur *Wikipédia* vous aurez droit à la définition suivante :

« *Les* **neurosciences** *sont les études scientifiques du système nerveux, tant du point de vue de sa structure que de son fonctionnement, depuis l'échelle moléculaire jusqu'au niveau des organes, comme le cerveau, voire de l'organisme tout entier.*

Le champ de la recherche en neurosciences est un champ transdisciplinaire : la biologie, la chimie, les mathématiques, la bio-informatique ainsi que la neuropsychologie sont utilisées en neurosciences. L'arsenal conceptuel et méthodologique des neurosciences va de pair avec une diversité d'approches dans l'étude des aspects moléculaires, cellulaires, développementaux, neuroanatomiques, neurophysiologiques, cognitifs, génétiques, évolutionnaires, computationnels ou neurologiques du système nerveux. »

Dans les années 70, on considérait encore le cerveau comme un organe *« enfermé dans une boîte »*. Depuis les années 80, l'arrivée de l'imagerie médicale, puis les années 2000 et les travaux sur la plasticité cérébrale (du psychiatre et écrivain canadien *Norman Doidge,* mais aussi des Français *Lionel Naccache* et *Stanislas Dehaene),* la recherche en neuroscience est devenue concomitante de la recherche en psychologie sociale. Ainsi, l'étude du cerveau et des facultés cognitives est désormais devenue inséparable de l'étude des relations concernant l'environnement familial et socioculturel.

On pourrait même dire « raisonnablement » (ou « réseau-nablement » pour reprendre l'expression de *Lionel Naccache*), que s'intéresser au fonctionnement de notre cerveau c'est à la fois s'intéresser à notre propre comportement, à notre propre corps, mais aussi par la même occasion, essayer de comprendre le comportement de l'autre ou des autres, on retrouve ici la notion d'empathie, cette capacité à reconnaître l'autre dans son émotion.

Pour filer la métaphore de la philosophie hellénique, la fameuse inscription sur le fronton du portail du temple de Delphes *« connais-toi toi-même et tu connaîtras l'univers et les dieux »* colorée par les neurosciences, pourrait devenir : *« apprends à comprendre le fonctionnement de ton cerveau et tu apprendras à te connaître toi-même, mais tu apprendras également à connaître les autres »*

Si les neurosciences peuvent nous livrer des clés pour comprendre le comportement humain, elles sont donc également utiles pour comprendre nos émotions, comprendre pourquoi on retrouve chez l'humain si fréquemment, des résistances au changement, pourquoi parfois notre leadership peut être remis en cause, comprendre l'importance d'avoir un cap, et comment faire pour embarquer avec nous dans notre navire, les êtres qui sont chers à notre cœur, mais aussi nos collaborateurs ou nos employés.

Il est donc question de comprendre ce cerveau qui est le fruit d'une intelligence rationnelle, mais qui pour fonctionner de manière pérenne et efficace, devra profiter d'une autre forme d'intelligence qu'on appelle l'intelligence émotionnelle, intimement liée à notre corps.

Nous égratignerons au passage l'intelligence artificielle, car ce que n'auront jamais les algorithmes, ce que n'auront jamais les machines, ce sont les émotions, car pour avoir des émotions, comme vous le verrez plus tard dans cet ouvrage, il faut avoir un corps...

Vous réaliserez au fur et à mesure des chapitres, que reprendre le contrôle de notre cerveau, se libérer en apprenant à gérer ses émotions, concerne l'individu, mais aussi le couple, la famille, l'entreprise et au-delà, la communauté en général.

Reprendre le contrôle

Lorsqu'à certains de mes patients je pose la question suivante : « *Décidez-vous le matin d'être heureux ?* » la réponse sera quasiment et systématiquement « *non* », assortie pour les plus bavards ou ceux qui ont toujours besoin de se justifier en rationalisant leurs propos, de « *cela dépendra des circonstances de la journée* » réponse à laquelle je rajoute : « *mais alors, qui décide dès le matin pour vous, de votre bonheur ?* »

Car en fait qui d'autre que nous peut en décider ? Qui d'autre que nous a le pouvoir magique de nous rendre heureux le matin dès le lever ? Pour tous ceux qui se disent : « *je saurai si j'ai passé une bonne journée à la fin de celle-ci et au vu des circonstances* », vous avez raison ! Si vous passez une journée affreuse, s'il ne vous arrive que des catastrophes ou une avalanche de problèmes, alors vous aurez effectivement passé une mauvaise journée. Mais est-ce que cela vous empêche de décider le matin de vous dire « *je vais être heureux aujourd'hui* », c'est-à-dire, de vous mettre dans les conditions du bonheur dès le lever, bien sûr que non ! Vous avez le pouvoir de le décider, cela sera-t-il suffisant ? Non, si les circonstances font que votre journée devient un enfer ! Cependant, il vaut mieux, dès le matin, se mettre dans les conditions du bonheur que dans celles du malheur. Vous me direz, pourquoi faire si nous sommes quand même soumis aux conditions extérieures ? Eh bien déjà, si dès le réveil, vous vous mettez *volontairement* dans une dynamique d'être heureux, c'est vous qui le décidez, et c'est le premier pas, **agir**... C'est éminemment important, c'est peut-être même l'acte le plus important de votre journée ! Le point de départ de l'action qui consiste à reprendre le contrôle, et qui vous fait passer d'un mode passif à un mode actif. Devenir acteur de sa propre vie et non plus simple spectateur c'est capital. Passer de la posture de celui qui subit à celui qui agit, cela permet de créer un environnement où la simple possibilité d'être heureux peut exister, mais il faut déjà le vouloir et le décider !

Un patient qui venait me consulter disait ne pas avoir de chance dans sa vie. Effectivement, lorsqu'il m'a raconté son histoire, son existence n'était qu'une longue suite d'échecs. Pourtant, nous avons ensemble rapidement réalisé qu'il n'essayait même pas de faire quelque chose qui pouvait fonctionner, tellement persuadé qu'il n'avait pas de chance, persuadé de sa déveine ! Il s'orientait donc systématiquement vers des actions vouées à l'échec, renforçant ainsi la croyance... qu'il n'avait pas de chance !

Dites-vous bien que si vous n'essayez même pas, vous êtes sûr d'une chose, rien ne changera !

Une publicité géniale pour la Française des jeux nous dit *« 100 % des gagnants ont tenté leur chance »*. Il en ira de même pour la reprise de contrôle de notre cerveau et la gestion de nos émotions, car 100 % de ceux qui ont essayé se sont donné la possibilité de réussir.

Entendons-nous bien, il ne s'agit pas simplement d'adopter une pensée positive, mais seulement de se dire que **c'est possible**, tout comme le soleil qui se lève et se couche, comme le haut qui n'existe que parce qu'il y a le bas, **tout est possible**, le bon comme le mauvais. Bien sûr, le milieu extérieur est important, si nous sommes entourés d'ondes positives, en bonne santé, avec autour de nous des gens qui nous aiment, et que tout cela se déroule dans un environnement socioculturel et professionnel convenable, alors on pourrait se dire que tout va bien, n'est-ce pas ? Mais dans ce cas, que penser lorsque nous apprenons que quelqu'un de riche, jeune et en bonne santé, bref de celui-là dont on se dit qu'il a tout pour être heureux et réussir suivant les critères cités précédemment, que cette personne bénie des dieux est dépressive, voir se drogue ou pire met fin à ses jours ? Sans aller dans cet exemple pourtant réel, mais excessif, vous avez tous certainement rencontré quelqu'un qui avait tout, mais qui était malheureux, voire découragé ou anéanti...

Reprendre le contrôle consiste, dans un premier temps à réaliser, c'est-à-dire à vivre l'expérience, que nous avons le pouvoir de décider de la façon dont nous interprétons notre réalité, car nous ne vivons pas la réalité telle qu'elle est, mais telle que nous l'interprétons. Un exemple ? Deux personnes se trouvent dans une pièce aux dimensions réduites, elles respirent le même air, ça, c'est LA réalité. Mais s'il se trouve que l'une des deux est asthmatique ou claustrophobe (ou les deux à la fois), et bien SA réalité sera beaucoup plus compliquée que celle de l'autre personne qui respire normalement et qui ne se rend même pas compte de l'exiguïté de la pièce.

Prendre soin de notre santé mentale, dans un second temps, consiste donc à réaliser que NOTRE réalité n'est que l'interprétation de LA réalité et que si nous avons l'impression de subir, alors une fois de plus, il faut agir !

Reprendre le contrôle de quoi exactement ?

De nos émotions, de notre stress, de notre posture, de notre manière de communiquer, bref de tout ce qui constitue notre rapport à nous-mêmes, aux autres et au monde !

Comment ça marche ?

Considérez votre vie, dans son ensemble, de la première bouffée d'air à la dernière, comme un tout. Évidemment, certains moments seront plus agréables que d'autres. Certains parmi nous auront une enfance agréable, une adolescence difficile et tout le restant de leur vie relativement paisible, et tant mieux ! Il n'y aura eu que quelques passages difficiles... Quand d'autres auront une vie compliquée de la première à la dernière minute, et peut-être même que d'autres, les plus chanceux, auront une vie facile, du début à la fin, espérons que ces derniers s'en rendent compte !

Alors bien sûr, nous allons subir quelques-uns des événements de notre vie, de notre environnement, de notre famille, de notre milieu socioprofessionnel, mais je vous assure que la plupart du temps, comme une pièce de théâtre dans laquelle nous serions les acteurs de notre propre vie, nous pouvons et nous devons agir. Et en attendant l'entracte, ce moment pendant lequel nous ne sommes plus les acteurs, mais de simples spectateurs, il y a toujours un **ACTE**, dont l'acronyme pourrait représenter les 4 actions fondamentales que nous devons poser pour reprendre le contrôle de notre vie :

Apprendre à ne plus subir, mais commencer par réaliser que l'on peut agir !

Comprendre ce qu'est une émotion, comment elle fonctionne et comment la gérer

Transmettre cette connaissance autour de nous pour agir sur notre environnement familial, social et professionnel

Évoluer pour se libérer de ses croyances limitantes, de son conditionnement et devenir pleinement nous-mêmes

Apprenez à ne plus subir

Une question taraude l'esprit humain depuis la nuit des temps : avons-nous vraiment le choix ? Tout ce qui nous arrive est-il écrit quelque part, dans un livre sacré pour les croyants, dans la nature pour d'autres, avons-nous un libre arbitre sur le cours de notre destinée ou notre vie se déroule-t-elle sans que nous ne puissions rien y changer ? Force est de constater qu'une partie de nous est conditionnée, par notre environnement extérieur comme intérieur, et qu'il y a indubitablement certains déterminismes auxquels nous ne pouvons échapper et sur lesquels nous n'avons pas de prise, par exemple :

- L'endroit de notre naissance
- Notre état physique lors de notre venue au monde
- Notre environnement familial
- L'environnement socioculturel et religieux dans lequel nous allons grandir

Tous ces paramètres, auxquels on pourrait bien sûr rajouter notre éducation, mais aussi notre orientation sexuelle, vont former un conditionnement sur lequel nous n'avons pas ou peu de prise. Vous conviendrez donc qu'il sera plus facile de démarrer dans la vie, si vous êtes né en France, en parfaite santé physique, dans un quartier tranquille et au sein d'une famille aimante, plutôt que si vous avez vu le jour dans un bidonville d'un pays du tiers monde, au sein d'une famille dans la misère et qui plus est avec une jambe en moins. Tout cela reste caricatural et ne sert qu'à illustrer le propos, il existe des endroits sordides en France et de merveilleux sites partout dans le monde... Ce qui va être intéressant maintenant, c'est de prendre conscience que ce conditionnement *(conditionnement classique de Pavlov ou conditionnement opérant de Skinner)* ne représente selon les neurosciences, que 34 % de ce que nous sommes ! C'est-à-dire qu'il nous reste 66 % de notre vie qui ne sont pas conditionnés et sur lesquels nous avons un libre arbitre, il est là le vrai pouvoir, celui avec lequel nous allons agir, car factuellement au-delà de notre part conditionnée, nous avons notre libre volonté, et donc nous avons le choix.

Notez au passage que nous pouvons quand même travailler sur cette part conditionnée par des moyens thérapeutiques comme la psychologie ou la psychanalyse. Thérapies qui peuvent aider à mettre des mots sur des sensations, des émotions, des souvenirs, ou encore permettre de trouver un facteur déclenchant ancien à une problématique présente. Gardons cependant à l'esprit qu'il n'y a peut-être pas qu'une seule cause au mal être, une seule cause à un stress, une seule cause à une angoisse, mais plutôt un faisceau plurifactoriel de liaisons cognitives, qui pourrait, à tout moment, déclencher une sensation désagréable.

Dans l'Antiquité, les stoïciens disaient déjà, mais on les a oubliés : « *n'attends pas que les événements arrivent comme tu le souhaites ; décide de vouloir ce qui arrive et tu seras heureux* »

Les sens, une image du monde

Qu'est-ce qui crée « notre » réalité, comment percevons-nous cet « environnement » qui, comme nous le disions précédemment, participe à notre conditionnement ? Vous devez certainement vous en douter, déjà grâce à nos cinq sens externes qui sont : la vue, l'ouïe, le toucher, l'odorat et le goût, et qui nous permettent de concevoir le monde qui nous entoure et vont ainsi nous en donner une image à un instant précis.

Mais alors puisque nous avons tous les mêmes sens, pourquoi n'avons-nous pas tous une image du monde identique ? La réponse est simple : *« nous avons tous notre propre histoire, notre coucher de soleil, notre expérience de la mer, de la montagne, du vélo, etc. »*. Il y a l'inné (*notre conditionnement, notre hérédité*) et l'acquis (*nos expériences de vie*), et ce sont ces deux parties de nous qui vont donner à nos sens leur singularité.

Si vous avez appris à faire du vélo avec votre papa qui vous aidait à vous tenir assis dessus alors que vous étiez petit, 20 ans, 30 ans et même 40 ans plus tard, ce souvenir sera toujours présent lorsque vous regarderez un vélo, mais aussi lorsque vous entendrez le mot

« vélo », lorsque vous lirez le mot « vélo », etc. Il en ira de même pour tout ce que l'on voit, pour tout ce que l'on entend, tout ce que l'on touche, tout ce que l'on goûte et tout ce que l'on hume. Nos cinq sens externes sont reliés à toutes nos expériences de vie, ils vont ainsi colorer de différentes nuances, tous nos apprentissages au fur et à mesure que ces derniers évolueront.

Bien sûr, on pourra apprendre à un robot à marcher, mais on ne pourra cependant jamais lui donner toutes les expériences relatives à notre propre apprentissage de la marche, de la quadrupédie jusqu'à la station debout. Et c'est notamment pour cela, que deux personnes pourront regarder un coucher de soleil et ne pas ressentir la même chose, quand l'un sera sensible aux couleurs, l'autre pourra être sensible aux odeurs ou à la sensation de chaleur, ce qui ne les empêchera pas cependant, d'arriver à la même conclusion, celle que le coucher de soleil est très beau ! Toujours est-il que la beauté d'un coucher de soleil ne sera pas la même pour moi que pour vous, encore une fois, parce que nous avons tous notre propre histoire.

Partant de ce constat, ce que l'on peut partager avec quelqu'un, ce n'est pas tant le fruit de nos sens qui vont fabriquer notre image de la réalité, mais plutôt l'émotion qui en résulte, d'autant que comme nous le verrons par la suite, l'émotion est contagieuse. Il pourrait alors en résulter une situation complexe : reprenons l'exemple du coucher de soleil, quand pour l'un cela évoquera des souvenirs heureux, celui-là se *« sentira bien »*, a contrario, celui pour qui le coucher de soleil évoquera des souvenirs douloureux (*elle m'a annoncé qu'elle me quittait alors que nous admirions un coucher du soleil*), lui se *« sentira mal »*, mais alors, quelle émotion vont pouvoir partager ces deux personnes ? Eh bien justement les deux à la fois, joie et tristesse ! À votre avis, laquelle des deux est contagieuse ? Nous le verrons plus tard...

Soyez résolus à ne plus subir et vous voilà libres !

La Boétie écrivait dans son *Discours de la servitude volontaire,* une phrase devenue célèbre et qui caractérise l'état de celui qui peut, s'il le désire, reprendre le contrôle de sa vie *: « soyez résolus à ne plus servir et vous voilà libres »,* à la lumière des neurosciences on pourrait la transformer en : *« soyez résolu à ne plus subir et vous voilà libres »*

Il en va de même pour la vie politique, pour la vie de la cité, de la communauté, mais aussi pour notre vie de tous les jours, comme nous le disions au précédent chapitre, soyons fermement résolus à reprendre le contrôle, et ainsi nous pourrons dire, *soyons résolus à ne plus subir et nous voilà libres !*

Nous allons voir tout au long de cet ouvrage que reprendre le contrôle est essentiel pour vivre une vie équilibrée et saine, tout comme les thérapeutes d'Alexandrie, qui reprenaient le contrôle de leur santé physique, mais aussi de leur santé mentale, associant ainsi un esprit sain dans un corps sain. Concernant la santé physique, je vous encourage à pratiquer toutes les activités physiques dont vous avez envie, de la course à pied en passant par le tennis, la voile, le yoga, ou tout simplement la marche, reconnectez-vous avec votre corps, vous pourrez ainsi communier avec lui et faire la paix. Notez que j'ai précisé *« les activités physiques dont vous avez envie »*, en effet, si vous vous forcez à faire du sport et que vous n'en avez pas envie, mais juste parce qu'on vous a conseillé d'en faire, cela pourrait se révéler contre-productif, pourquoi ? Est-ce que vous aimez que l'on vous dise : viens ici, fais cela, va me chercher cet objet, etc., la réponse est non ! Par nature *(tiens donc)*, l'humain n'aime pas être commandé, nous avons tous un besoin atavique de liberté. Alors, lorsque vous dites : *« il faut que j'aille faire du sport, il faut que je marche, il faut que... »*, vous ne faites que vous imposer quelque chose dont vous n'avez pas vraiment envie *« il faut que »*, et donc, une partie de vous va « naturellement » se rebeller, procrastiner, etc.

Cependant, n'attendez pas que votre corps soit douloureux pour rentrer en contact avec lui, car si vous ne prenez pas soin de votre organisme, il finira un jour ou l'autre par réclamer toute votre attention. Tout comme les petits enfants qui répètent : *« maman, maman... »*, si on ne leur prête pas attention, ils vont continuer, une fois, puis une deuxième, souvent encore plus fort (le *volume sonore attirant l'attention, n'est-ce pas ?*) Et à nouveau : *« maman, maman... »*, jusqu'au moment où finalement, la maman excédée leur dira : *« qu'est-ce qu'il y a ? »* et la réponse sera bien souvent *« je ne sais pas... »* En fait, ils avaient juste besoin de votre attention ! Trop souvent, nous donnons de l'attention aux autres sans en avoir pour nous-mêmes, naviguant dans un paradoxe de plus, car comment pourrais-je donner ce que je ne possède pas ? Et bien pour notre corps c'est pareil, si vous ne faites pas attention à lui, si vous ne lui accordez pas l'intérêt qu'il mérite *(je vous rappelle que vous n'avez que celui-là...)* si vous ne le « considérez » pas (*de l'extérieur par l'exercice physique et de l'intérieur par une alimentation équilibrée)*, alors il fera tout pour se faire entendre, et il dispose pour cela d'une arme redoutable : *la maladie*, que certains décriront avec ironie comme « *le mal a dit* ».

Comment se reconnecter à son corps ?

Au départ en douceur, apprivoisez-le, comme le renard dans *le petit prince* : *« si tu m'apprivoises, nous aurons besoin l'un de l'autre, tu seras pour moi unique au monde et je serai pour toi unique au monde »*. Nul besoin d'être un champion de marathon, un tennisman classé à l'ATP ou le meilleur yogi du monde, faites-vous plaisir et retrouvez le bonheur et les sensations du contrôle sur votre corps.

Apprivoiser son corps en douceur, c'est à nouveau comprendre le sens de se sentir « *bien dans ses baskets, aligné dans son axe, recentré, etc.* », mais comprendre également le sens de toutes ces formules que l'on emploie la plupart du temps de manière négative, quand justement on se sent « *déséquilibré, à côté de ces pompes, excentré, etc.* »

Reprendre le contrôle de son corps, cela pourrait paraître pour certains, comme une tâche extrêmement compliquée, « *entre le travail, les enfants, la maison, comment voulez-vous que je consacre ne serait-ce qu'une demi-heure à une activité sportive ? Lorsque je me couche à 23 heures, j'ai l'impression de ne pas avoir fini tout ce que j'avais à faire...* » Vous la connaissez tous cette phrase, n'est-ce pas ? Alors si pour votre santé, il paraît utile, voire nécessaire, d'avoir une activité physique régulière, il est possible effectivement que vous n'ayez tout simplement pas le temps, ou plutôt, que vous ayez l'impression « *de ne pas avoir fini tout ce que vous aviez décidé de faire* ». Remarquez cependant que je n'ai pas parlé d'activité physique, mais simplement, et c'est peut-être le plus important, de *reprendre le contrôle de son corps*. Alors, comment faire lorsque l'on n'a pas de temps à s'accorder, quand on a l'impression que l'on est dépassé et que l'on n'a pas assez de temps dans une seule journée afin d'exécuter toutes les tâches que l'on avait prévu de faire ?

Vous vous dites que c'est impossible ?

Essayez un exercice très simple, ou plutôt une expérience de vie amusante : lorsque vous marchez, et je suis sûr que vous faites beaucoup de pas dans la journée, observez simplement pendant le déroulement de vos pas, comment fonctionnent vos articulations, seulement pendant quelques mètres. Prenez par exemple une dizaine ou une vingtaine de mètres, et observez votre marche, ressentez vos pieds qui foulent le sol, le contact à la fois dans vos chaussures et sur la terre ferme, les chevilles qui s'articulent, les genoux et les hanches qui bougent, le bassin qui avance, le dos qui s'arrondit, mais qui peut aussi se redresser, cette simple expérience est juste un moment de reconnexion à votre corps et ainsi le début de la reprise du contrôle de celui-ci. Pour tous ceux qui vont dire : « *lorsque je marche, j'en profite pour réfléchir* », très bien, mais essayez sur les vingt premiers pas la petite expérience qui consiste à « ressentir » le fonctionnement de votre corps pendant la marche, je vous assure qu'après, vous réfléchirez beaucoup mieux !

Vous pouvez également vous reconnecter à votre corps à tout moment de la journée, en position assise devant votre bureau ou à la maison. Prenez juste 30 secondes pendant lesquelles vous allez inspirer profondément par le nez et expirer tout aussi profondément également par le nez, faites 3 cycles d'inspiration/expiration uniquement par le nez de 5 secondes chacune *(vous verrez par la suite que c'est un des exercices fondamentaux non seulement de la reconnexion à son corps, mais aussi de la stimulation d'un système très particulier appelé système parasympathique qui permettra de faire baisser votre niveau de stress juste en 30 secondes).*

Ressentez en respirant ainsi la contraction et la détente des muscles des épaules et du dos lorsque le thorax monte et descend, lors du cycle inspiration/expiration. Renouvelez cet exercice à chaque fois que vous allez vous rasseoir, à chaque fois que vous retournez sur votre siège ou sur une chaise, prenez simplement 30 secondes pour inspirer et expirer à fond. Ce ne sont là que quelques exemples, mais vous comprenez que chaque mouvement et chaque respiration, ne sont que des occasions pour apprivoiser son corps en se reconnectant en douceur à lui.

Soyez conscients que tous ces petits moments de la journée pendant lesquels vous passerez quelques instants à l'écoute de votre corps sont extrêmement importants, car plus vous l'écouterez activement, moins il aura besoin de se faire entendre...

À retenir :

Notre réalité n'est pas la réalité

Comment se forme « notre image » de la réalité = Avec nos sens

Arrêtez de subir et soyez résolus à agir / Comment ? = Commencez par vous reconnecter à votre corps

Comprendre et gérer ses émotions

Si vous lisez ce livre, c'est que vous vous intéressez à la gestion des émotions, alors vous avez déjà certainement vu et lu beaucoup de choses à ce propos. Néanmoins, j'espère que cet ouvrage ne sera pas « *qu'un livre de plus* », qu'il vous permettra d'apprendre et de comprendre, le fonctionnement de vos émotions et leurs retentissements sur votre corps et votre cerveau. Ainsi, une fois le mode d'emploi assimilé, vous découvrirez des outils simples, mais redoutablement efficaces, qui vous aideront à « *reprendre le contrôle de votre cerveau* ».

Comment vit-on nos émotions ?

Quand on a l'impression d'être submergé, emporté, englouti, terrassé par une émotion, comment arrêter ce processus qui semble à un moment précis, inéluctable, inexorable, inévitable ? Bref, vous avez remarqué que l'on ne manque pas d'adjectifs pour qualifier cette angoisse existentielle, devant notre incapacité à gérer nos émotions.

Cependant, posez-vous la question suivante : *pourriez-vous vous servir d'un appareil que vous ne connaissez pas, sans avoir eu ou lu son mode d'emploi ?*

Certains vont répondre oui, et j'avoue en faire partie, car je n'ai pas toujours le réflexe de regarder la notice avant de me servir d'un outil ou d'un instrument que je viens d'acquérir... Si tout fonctionne bien, on se dit qu'avec un peu d'imagination, cela suffira pour assurer le bon fonctionnement de ce nouvel objet. Mais s'il y a un problème, si cela ne fonctionne pas, c'est alors à ce moment-là que l'on ira courir chercher le mode d'emploi.

Confrontés à un problème de santé, nous sommes conditionnés à nous diriger vers celui qui a le mode d'emploi, c'est-à-dire le médecin, reproduisant toujours le même comportement. Dans le cas de notre santé physique, de la *« maladie »*, c'est tout à fait normal nous ne sommes pas des spécialistes du système cardiovasculaire, endocrinien, digestif, etc., même pour les plus bricoleurs d'entre vous, il ne vous viendrait pas à l'idée d'aller réparer une fracture ou une entorse vous-mêmes ! Les nombreuses années nécessaires pour former un médecin, vont lui conférer les compétences nécessaires pour s'occuper de notre santé, et comme disait le célèbre *« pompier volant »* Red Adair : *« Si vous croyez qu'il coûte cher d'embaucher un professionnel pour faire le travail, attendez de voir ce que vous coûtera d'embaucher un amateur ! »*

Mais que faire lorsqu'il s'agit d'un problème qui concerne notre santé mentale ? De tous les moments de la vie où on se dit : *« je ne me sens pas bien, j'ai une émotion que je n'arrive pas à contrôler, je vais aller voir le docteur pour lui en parler »*. La plupart du temps, vous aurez droit dans le meilleur des cas à une écoute active de la part du médecin, qui vous dira *« ce n'est pas grave ça va passer détendez-vous prenez du bon temps pour vous »*. S'il se sent dépassé, il vous dira que c'est *« psychosomatique »*, ou finira par vous faire une ordonnance pour un « *médicament* » qui vous mettra sous une jolie camisole chimique, vous permettant de vous détendre certes, de ne plus subir l'angoisse des affres de la vie quotidienne, de ne plus subir cette émotion que vous n'arrivez pas à contrôler... Cependant, une partie inconsciente de vous sait très bien que vous n'avez fait aucun effort, et vous ne serez plus dépendant de votre émotion, mais du médicament ou de la thérapie qui vous aidera à supporter votre état ! Dans la plupart des cas, sans même vous en rendre compte, vous continuerez à subir, est-ce vraiment cela que vous voulez ?

Il est important de noter qu'en matière de santé mentale, comme pour tout ce qui concerne la santé en général, il ne faudra pas jouer aux apprentis sorciers. Si les outils que vous découvrirez un peu plus tard, une fois mis en place, ne remplissent pas leur office en ne vous permettant pas de *reprendre le contrôle de votre cerveau*, une consultation chez un médecin sera alors nécessaire.

Qu'est-ce qu'une émotion ?

Avant de commencer à parler des émotions, il y a une question que j'aimerais partager avec vous : *« est-ce réellement l'émotion qui est problématique ou plutôt la peur d'en perdre le contrôle qui va nous gâcher l'existence ? »* Ou encore : *« existe-t-il des émotions négatives et d'autres positives ? »*

En neuroscience, on sait que consciemment nous ne contrôlons que 7 % de nos actions, je sais, seulement 7 %, ce n'est pas beaucoup, et cela revient à dire que 93 % de tout ce que nous faisons dans une journée est automatique, inconscient et involontaire. Cela paraît énorme que plus de 90 % de nos actions soient inconscientes ! Et pourtant vous allez voir que c'est facilement compréhensible.

En effet, notre inconscient se divise en 3 parties, il y a d'abord ce que nous appelons :

1. Les **grandes fonctions,** avec un peu d'attention, vous vous rendrez compte que vous respirez et que votre cœur bat, mais est-ce que vous rendez compte tout en lisant ces lignes, que le sang artériel circule dans vos artères, que le sang veineux coule dans vos veines, que votre cerveau est en train de fabriquer toute une variété de neurotransmetteurs, que votre pancréas sécrète de

l'insuline pour faire baisser votre glycémie sanguine, que votre foie est en train de nettoyer votre sang, et cetera... Évidemment non ! Nous possédons un système autonome de régulation de toutes nos grandes fonctions, ou fonctions vitales, qui s'appelle le système neurovégétatif *(nous verrons plus tard son importance dans la gestion justement des émotions)*

2. D'autre part, dans l'inconscient nous avons aussi des **automatismes.** C'est tout ce que nous avons appris et que nous avons automatisé : la marche, l'écriture, la lecture, le fait de hocher la tête pour marquer un acquiescement, ou encore, de bouger les doigts quand on est nerveux.

3. Enfin la 3e partie est celle dévolue justement à ce chapitre, il s'agit de nos **émotions,** car comme nous allons le voir, celles-ci sont en grande partie contrôlées par notre inconscient.

Lorsque je demande à mes patients « *quel est le pourcentage d'actes conscients (ou actes volontaires) que vous effectuez dans une journée ?* », la plupart vont me répondre *(à l'exception des petits malins qui croyant flairer un piège vont minorer leur réponse...)* au moins 80 %. Or comme nous l'avons vu, les neurosciences nous disent que seuls 7 % de nos actes d'une journée sont des actes conscients. Vous comprenez le paradoxe, pendant qu'une partie de nous *(consciente, rationnelle, volontaire)* aurait envie de se persuader que nous contrôlons consciemment notre existence (au moins à 80 %), en même temps, une autre partie *(inconsciente, involontaire)* sait pertinemment que c'est elle qui contrôle 90 % de notre vie. Cela va générer un état d'inquiétude, pourquoi ? Si nous « croyons » contrôler notre vie consciemment à 80 %, dès que nous perdons le contrôle de nos émotions *(et cela arrivera très fréquemment puisque les émotions sont contrôlées par l'inconscient)*, alors cette perte de contrôle va entraîner une peur de la perte complète de contrôle, ce sentiment de : *« je ne maîtrise plus rien »*. C'est précisément cette peur qui est problématique, en réalité, ce n'est pas tant l'émotion qui nous pourrira la vie, mais bien plus la peur de perdre le contrôle de cette dernière.

Le changement de paradigme à ce stade sera donc de considérer que la « gestion de nos émotions » revient en fait à gérer la « peur de la perte du contrôle » de nos émotions.

Une émotion, comment cela fonctionne ?

Étymologiquement dans émotion vous avez *« motio »* qui vient du latin *« mouvement »*, et qui a aussi donné motivation. Donc l'émotion c'est du mouvement, en fait pour le dire plus simplement l'émotion c'est de l'action. En effet, lorsque nous sommes, lorsque vous êtes, sujets à une émotion, il y a toujours une action qui est concomitante à cette dernière : c'est la joie lorsque nous rions, la tristesse lorsque nous pleurons, pour le dégoût je ne vous dis pas ce que ça fait, mais vous l'imaginez assez bien... Quand on est en colère on s'énerve et parfois on ira jusqu'à la violence, et concernant le déni, ça peut être de la fuite, et cetera.

Deux scientifiques ont permis de faire avancer la connaissance sur les émotions de manière significative, il s'agit de ***Paul Ekman*** et d'***Antonio Damasio***.

Dans les années 70, ***Paul Ekman***, éminent psychologue américain, a basé une grande partie de ses recherches et de ses expériences sur la corrélation entre les émotions et le langage non verbal, ou langage corporel. Dans son best-seller *je sais que vous mentez,* il décrit l'émotion traduite dans le langage non verbal, comme une clé de compréhension de nos comportements, *« mentir est une caractéristique si centrale de l'existence que mieux la comprendre éclaire presque toutes les affaires humaines »*. Pour ***Paul Ekman***, à chaque émotion vont être associées des micro-expressions au niveau du visage, qui traduisent corporellement ce que nous ressentons d'une manière émotionnelle. Ses recherches issues de son expérience clinique, mais surtout de ses travaux en hôpital psychiatrique, l'ont amené à décrire six émotions qu'il nomme comme les émotions *« principales »* auxquelles correspondent des micros expressions particulières au niveau du visage.

Ces six émotions principales sont :

1. La joie,

2. La tristesse,

3. La peur,

4. La colère,

5. Le dégoût,

6. La surprise.

Bien sûr, il y a un grand nombre d'autres émotions qu'il nommera des émotions *« secondaires ou mixtes »*, et qui selon lui, ne sont que des constructions faites à partir de ces six émotions principales. Parmi les émotions secondaires, nous allons retrouver : la honte, la jalousie, le mépris, la satisfaction, la culpabilité, etc.

Combinez deux émotions principales et vous aurez une émotion dite « secondaire », par exemple : la jalousie peut être vue comme une combinaison de la surprise, de la peur et de la colère.

Mais d'autre part, si vous prenez une même émotion principale et que vous changez le deuxième paramètre, vous pouvez arriver à deux résultats radicalement différents : prenons la surprise, combinée avec la joie *(comme la surprise des enfants qui s'émerveillent de toutes choses)* elle va engendrer de la confiance, alors que si vous prenez la même surprise et que vous la combinez maintenant avec de la peur, cela va engendrer le doute voire la méfiance.

On pourrait résumer ainsi :

- Surprise + joie = confiance
- Surprise + peur = défiance
- Surprise + peur+ colère = jalousie

Après plusieurs années passées à étudier les émotions, ***Paul Ekman*** s'est posé la question de savoir s'il était possible de retrouver les mêmes micro-expressions faciales, pour les émotions principales, sur l'ensemble de la planète. Pour s'en assurer, il a pris en photo six personnes avec sur le visage des micro-expressions qui correspondaient donc aux six émotions principales décrites précédemment. Il s'est embarqué à destination de la Papouasie–Nouvelle-Guinée afin d'aller à la rencontre d'une tribu dont il savait que les membres n'avaient jamais vu d'homme blanc. Arrivé sur place et accompagné d'un guide et d'un traducteur, il a montré à l'ensemble des membres de cette tribu, les six photos avec les six émotions principales. Grâce à l'interprète qui parlait la langue des Papous, il alors découvert que son raisonnement était juste, car tous les participants à cette expérience, sans exception, ont reconnu le sens des émotions et ils ont même pu les nommer.

Sans n'avoir jamais vu d'homme blanc, au-delà de la barrière ethnique et socioculturelle, tous ces gens à l'autre bout du monde avaient reconnu les six émotions principales. Il en a donc déduit que son intuition était juste et que **l'émotion était un langage universel**, et qu'au-delà de tout ce qui pourrait nous séparer, s'il y a une chose qui nous relie les uns aux autres, c'est bien l'émotion.

Faisons un aparté sur une de ces émotions qui au départ de notre existence, à notre naissance, pourrait ne pas être considérée comme telle, il s'agit de la peur. À l'origine, lors de notre venue au monde, la peur est déjà inscrite dans notre code génétique comme notre instinct de survie. Ce n'est donc pas une émotion proprement dite, c'est plus une programmation de notre cerveau le plus primitif (*paléocortex ou cerveau reptilien*) qui face à un danger, aura la possibilité de déclencher toute une suite de réactions biochimiques nous permettant de survivre. Même si un nouveau-né n'a pas la capacité réelle de se défendre, comme le ferait un adulte, en fuyant, en se battant ou se cachant, on pourra cependant retrouver sur son visage, les micro-expressions relatives à la peur, lorsqu'il y sera confronté. Il semblerait en fait que la peur ne deviendrait une « émotion » que lorsqu'elle se concrétiserait, se matérialiserait, c'est-à-dire un peu plus tard au cours de notre croissance, quand arrivé à l'âge de la parole on pourra la nommer et dire que l'on a *« peur de quelque chose »*, comme la peur du noir, la peur du vide, la peur de la solitude, notamment.

L'émotion différencie-t-elle l'humain du reste des animaux ? Loin de moi l'idée que les animaux n'auraient pas d'émotion, bien au contraire, d'ailleurs peut-être que même les plantes ont des émotions, alors qu'elles n'ont pas de réseaux de neurones. Il n'empêche que ce qui caractérise l'humain c'est vraiment l'émotion « *telle qu'on la voit* » (sur le visage, cf. ***Paul Ekman***) et telle que l'on peut l'exprimer et la partager. Parler de partage, c'est noter au passage que l'émotion est contagieuse, car elle va se disséminer autour de nous, mais nous y reviendrons plus tard.

Il est important de noter également que l'émotion est ce qui nous différencie de l'intelligence artificielle, car l'émotion c'est de l'incarnation, c'est-à-dire que c'est notre corps qui va d'abord la ressentir avant que notre cerveau l'étiquette et l'exprime verbalement. Une IA n'ayant de corps (du moins pas encore), ne peut donc pas ressentir réellement une émotion, mais elle pourra cependant la conceptualiser de manière intellectuelle grâce aux algorithmes et la décrire avec tellement de détails qu'on pourrait croire qu'elle la ressent vraiment alors qu'en réalité, il n'en est rien.

Ce concept « d'émotion incarnée » est l'apanage de la deuxième personne dont il faut parler maintenant, ***Antonio Damasio,*** célèbre neurophysiologiste et neuroscientifique d'origine portugaise, installé aux USA depuis les années 70. C'est grâce aux travaux effectués dans son laboratoire aux États-Unis qu'il a identifié les sites neuronaux impliqués dans le processus des émotions. Il est également à l'origine du concept de la *« théorie des marqueurs somatiques »*, démontrant que les émotions sont intimement impliquées dans la prise de décision.

Antonio Damasio a décrit des cartes mentales qui correspondent à nos émotions. Ces cartes regroupent à la fois des pensées, mais aussi des sensations musculaires, physiologiques, et hormonales. Le neuroscientifique est à l'origine du concept ultra intéressant « d'émotion incarnée », ayant démontré qu'au départ de l'émotion, il y avait une sensation dans notre corps, bien avant que celle-ci ne soit interprétée par notre cerveau et étiquetée comme étant de la joie, de la tristesse, de la colère, etc.

Comment fait-on pour « ressentir » une émotion dans notre corps ?

Et bien il va nous falloir pour cela des organes de perception sensorielle, qui sont communément appelés nos sens. Il y a déjà les 5 sens **externes** dont nous avons parlé au chapitre précédent, la vue, l'ouïe, le toucher, l'odorat et le goût, et qui nous donnent ce que nous avons appelé notre *« image du monde »*, mais concernant les émotions, nous allons avoir besoin également de quatre autres récepteurs sensoriels **internes** qui sont :

La proprioception, l'équilibrioception, la nociception et la thermoception.

La proprioception est la faculté de savoir si votre coude est plié ou tendu sans avoir besoin de le regarder, car l'articulation du coude, comme toutes les autres articulations du corps, contient des récepteurs à la tension des tendons musculaires, et donne ainsi immédiatement la position de l'articulation dans l'espace et donc du segment qui y est rattaché, sans que l'on soit contraint de le regarder pour le constater. Dans le cas du coude plié, vous saurez grâce aux tendons des muscles rattachés au coude, les muscles du bras et de l'avant-bras, la position de ce dernier dans l'espace.

L'équilibrioception est un sens directement en relation avec l'oreille interne et les différents muscles qui nous permettent de nous tenir debout. C'est le sens qui associé à la proprioception, nous permet d'avoir une *« idée »* de notre corps dans l'espace, ce que l'on appelle notre *« schéma corporel »*.

La **nociception** est la faculté que nous avons de ressentir une douleur ou pas, grâce à des « nocicepteurs », récepteurs nerveux périphériques de petit diamètre transmettant le message douloureux vers le cerveau.

Et enfin :

La thermoception, qui est notre capacité à reconnaître s'il y a un endroit de notre corps qui est plutôt chaud ou plutôt froid, grâce à des récepteurs essentiellement situés dans l'épiderme *(des capteurs thermiques existent également à l'intérieur de notre corps, comme vous en convaincra l'ingestion d'une tasse de boisson particulièrement chaude)*.

Toutes ces informations données par nos sens externes et internes vont arriver au **thalamus**, une zone située dans les profondeurs du cerveau, et vont être traitées et envoyées à d'autres parties du cortex. Par exemple, les informations visuelles qui arrivent à la rétine vont être traitées par le cortex visuel, les informations auditives par le cortex auditif, et cetera, et cetera. Et c'est à partir de toutes ces informations que notre cerveau va se former une *« image »*, non pas de la réalité, mais une image correspondant à un état du corps à un moment donné. Cette image sera ensuite analysée par le cerveau limbique, ou cerveau des émotions, avec une partie en relation avec notre passé, nos expériences ou comme nous l'avons vu précédemment, nos apprentissages (*nos* *automatismes*) et notre conditionnement. Ce processus va « étiqueter » nos ressentis, ce qui nous permettra de savoir que nous sommes joyeux, tristes, ou en colère, par exemple.

Notez à nouveau que l'apprentissage est encore une des choses qui nous différencie de l'intelligence artificielle, car « apprendre » dans un contexte particulier, teinté d'émotions, fabrique des apprentissages beaucoup plus profonds.

Par exemple : si vous apprenez à pêcher avec votre papa ce n'est pas pareil que d'apprendre à un robot à pêcher, bien sûr, une machine pourra apprendre tous les rudiments de la pêche, mais elle n'aura jamais cette connaissance fine de la pêche reliée à un contexte émotionnel qui fera que l'apprentissage sera considérablement plus puissant, car ancré beaucoup plus profondément.

C'est donc à partir de toutes ces sensations internes comme externes que nous allons nous former notre propre image émotionnelle du monde *(intérieur et extérieur)* à un moment donné.

Comment les neurosciences définissent les émotions ? *« C'est une réaction biochimique du corps en réponse à un stimulus »* cela paraît complexe, mais essayons de voir un peu plus en détail :

- **Réaction,** souvenez-vous que dans l'étymologie d'émotion, il y a *« motio »,* qui a donné mouvement et que l'émotion c'est donc de l'action et du mouvement.

- **Biochimique,** dans l'émotion il y a du biologique et du chimique. Qu'est-ce qu'une réaction « biologique » ? Comme nous l'avons vu dans les cartes mentales d'***Antonio Damasio***, il y a pour chaque émotion une réaction qui est à la fois *musculaire, physiologique et hormonale.* Cette réaction est d'origine « chimique », car ce sont des *neurotransmetteurs* qui vont la provoquer. Vous connaissez certainement les principaux neurotransmetteurs que sont la dopamine, l'ocytocine, la sérotonine et l'endorphine.

« Pour s'en souvenir, il existe un petit moyen mnémotechnique amusant : lorsqu'on se prend un shoot de neurotransmetteur, on se prend une **DOSE**, *qui est l'acronyme de :* **D***opamine* **O***cytocine* **S***érotonine et* **E***ndorphine »*

- **Stimulus :** il s'agit tout simplement du facteur déclenchant de l'émotion.

Prenons un exemple : une conversation vous rappelle un bon souvenir (***stimulus*** *externe puis interne, conversation + souvenir*), cela va déclencher une sensation agréable. Vous allez sourire (***réaction***) grâce à une contraction des muscles zygomatiques du visage (*système musculaire,* ***biochimique****) vous allez vous sentir bien, apaisé, grâce à une stimulation du système parasympathique (système endocrinien encore du* ***biochimique***) et peut être même sentir une légère coloration au niveau de votre visage (réaction hormonale, toujours du **biochimique**), et c'est à ce moment précis que votre cerveau va mettre l'étiquette sur l'émotion : ce que je ressens pendant cette conversation c'est de la **Joie.**

Ce que je viens de vous décrire en quelques lignes ne prend que quatre millièmes de seconde, et dans la réalité de notre vie quotidienne cela va se résumer ainsi : *« cette conversation a été très agréable »*, ou encore : *« j'ai vraiment passé un bon moment ! »*

Et il en va de même pour toutes les émotions. Il y a d'abord un stimulus interne ou externe, voire les deux, qui va déclencher une réaction musculaire et biochimique que votre cerveau analysera ensuite, de manière consciente ou inconsciente, comme une émotion qu'il va étiqueter.

Vous noterez au passage que ce « stimulus » dont nous parlons, interne ou externe, constitue précisément cette image du monde, cette image de « notre réalité » dont nous avons parlé précédemment, qui vous l'avez compris est toujours colorée par une émotion.

Vous vous rappelez que précédemment, nous avions parlé du fait que deux personnes pouvaient ne pas ressentir la même chose alors que le stimulus était identique : *le souvenir avec le coucher du soleil.* L'explication vient du fait que notre cerveau vérifie en permanence la pertinence du stimulus, avec nos valeurs, nos préoccupations et nos objectifs, ce qui va entraîner des réponses différentes suivant les individus.

Par exemple : si le stimulus est en adéquation avec nos valeurs, alors la validation est positive (*agréable*). Dans le cas contraire, la validation sera négative (*donc désagréable*). Ainsi, lorsqu'un mauvais souvenir est associé avec le coucher du soleil, la validation sera négative, la sensation désagréable, et l'émotion liée à ce type de ressenti ne sera certainement pas la joie... C'est l'action de notre cerveau qui juge de la pertinence du stimulus pour provoquer une réaction. Et c'est ce qui est à l'origine de la sensation ou du sentiment, que certaines émotions puissent être négatives ou positives, on peut donc se poser la question suivante...

Y a-t-il de bonnes et de mauvaises émotions ?

Reprenons les six émotions principales décrites par ***Paul Ekman*** :

1. La joie,

2. La tristesse,

3. La peur,

4. La colère,

5. Le dégoût et

6. la surprise.

On peut diviser cette liste en deux parties, d'une part les émotions essentielles à notre survie, et d'autre part, celles qui sont essentielles à notre vie, ainsi :

1. La peur nous aide à fuir un danger (SURVIE)

2. La colère nous permet de nous battre (SURVIE)

3. Le dégoût nous évite de nous empoisonner (SURVIE)

4. La surprise nous permet d'être aux aguets (SURVIE)

Quant aux deux émotions restantes, la joie et la tristesse, elles sont essentielles à notre vie, en cela qu'elles mettent de la couleur pour éviter que notre réalité ne soit pas trop terne, c'est l'alternance de joie/tristesse qui peut être perturbante, mais qui, lorsque nous parvenons à l'accepter (comme les deux côtés d'une même médaille), nous permet d'apprécier l'une (la joie) si nous ne sommes plus dans la crainte de l'autre (la tristesse)

Symboliquement, si nous considérons notre existence comme un vaste champ d'apprentissage dans lequel on se déplacerait au grès de nos expérimentations émotionnelles, on pourrait alors considérer les émotions faites pour la survie (*peur, colère, dégoût, surprise*), comme représentant le plan horizontal, cette terre que nous foulons, avançant souvent, reculant parfois. Concernant celles réservées à notre vie (*joie et tristesse*) elles représenteraient plutôt le plan vertical, où lorsque nous sommes joyeux, nous nous retrouvons propulsés vers le haut et a contrario, lorsque nous nous retrouvons emplis de tristesse, attirés vers le bas.

Une patiente me disait un jour « s'il n'y avait pas la tristesse, la vie serait plus belle », mais comment pourrions-nous connaître la joie s'il n'y avait pas la tristesse, comment pourrions-nous connaître le haut si le bas n'existait pas, la droite s'il n'y avait pas la gauche ? Toute chose à son pendant, comme tout Abélard qui aurait trouvé son Héloïse, pourrions-nous autant apprécier la joie si nous n'avions jamais connu la tristesse ?

La gestion des émotions

Je pense que vous avez compris que toutes les émotions sont utiles, et qu'il s'agit comme indiqué précédemment de changer de paradigme. Gérer nos émotions ce n'est pas arriver à les contrôler, mais plus simplement à ne plus en avoir peur, ou ne plus avoir peur que ce soit elles qui nous contrôlent. La question à se poser maintenant : comment nommer cette peur de la perte de contrôle, cet état où on a l'impression de ne plus avoir les commandes, ni de son cerveau ni de son corps ? Comment se nomme cet ennemi qui pourtant ne nous veut que du bien, mais qui nous effraie tellement que le simple fait de prononcer son nom nous met déjà dans un état étrange ? Qui est celui qui va vous accompagner tout au long de votre journée, tout au long de votre année, et finalement tout au long de votre vie, quel est cet être étrange et effrayant dont nous allons parler au chapitre suivant, car c'est bien lui qu'il va falloir apprendre à gérer, à contrôler et bien sûr, à maîtriser... Vous l'aurez sans doute deviné, puisque nous l'avions déjà démasqué lors de l'introduction à cet ouvrage, il va être question du stress !

Docteur motivation & Mr stress

Vous savez à présent, que le problème ne réside pas tant dans le contrôle de l'émotion elle-même, mais bien plus dans la gestion de la peur de ne pas pouvoir arriver à contrôler ou à maîtriser notre émotion. Cette peur de perdre le contrôle est ce que l'on appelle communément le **stress**, peut être définie comme : *« une réaction physique, émotionnelle et mentale à des demandes ou des pressions excessives qui dépassent les capacités d'adaptation d'une personne ».*

C'est en réalité une réponse très naturelle de notre binôme cerveau/corps, à des situations perçues comme menaçantes, exigeantes ou déstabilisantes, voir les trois à la fois.

La menace...

Au cours de notre vie, nous pouvons être confrontés à deux types de menaces : les menaces absolues et les menaces relatives. Ce qui les différencie est que dans le cas d'une menace absolue, votre vie, votre intégrité physique sera mise en jeu *(pour simplifier, vous risquez d'y laisser votre peau !)*, ce qui ne sera pas le cas pour une menace relative. Une menace **absolue** c'est par exemple, lorsqu'un animal sauvage, un tigre, un lion ou un éléphant vont se jeter sur vous (*ou vous pensez qu'ils vont le faire*), pour vous piétiner ou vous dévorer. Une menace **relative** est une mauvaise nouvelle véhiculée par les médias, un collègue de travail qui vous hurle dessus, votre mari ou votre femme qui vous reproche devant les enfants d'être un mauvais père ou une mauvaise mère, etc.

Si dans les sociétés occidentales dans lesquelles nous vivons, les menaces absolues n'existent plus *(nous risquons rarement d'être attaqués par une bête sauvage qui peut ou veut nous tuer),* elles ont été remplacées par des menaces relatives, omniprésentes dans notre quotidien. Sans mettre en jeu notre intégrité physique ou notre vie, elles vont entraîner exactement la même réaction de la part de notre cerveau que pour une menace absolue. Pourquoi ? Parce que notre cerveau n'a qu'une fonction, celle de la survie ! Il ne fera pas de différence au regard de la qualité de la menace, que cette dernière soit relative ou absolue, il va déclencher toute une chaîne de réactions nous permettant de survivre dès l'instant qu'il détecte une menace.

Selon la théorie de l'évolution, il a fallu environ 50 000 ans, pour qu'un nouveau comportement fabrique une nouvelle zone du cerveau dédiée à un comportement précis ou particulier. Or la dernière fois que des bêtes sauvages rôdaient dans les forêts de l'Occident, nous étions au 18ème siècle. (*Je précise bien en Occident, car en Afrique ou en Asie, ainsi qu'en Amérique centrale ou en Amérique du Sud, il existe encore nombre d'animaux très dangereux qui peuvent mettre votre vie en péril*)

On peut considérer que des animaux dangereux pouvaient encore représenter des menaces absolues en Europe il y a 300 ans. Depuis, nous ne vous vivons plus qu'entourés de menaces relatives. N'ayant pas pu, en seulement 300 ans, dédier une partie de notre cerveau à la « *menace relative* », ce dernier va continuer à traiter n'importe quel type de menace, de la plus insignifiante à la plus dangereuse, comme si c'était une menace absolue mettant en jeu notre intégrité physique et notre vie. On pourrait dire que la réponse de notre cerveau à une menace se fait sur le mode *on/off*.

Pour simplifier, que vous soyez face à un lion ou face à une copie d'examen, face à un Black Mamba ou face à un collègue de bureau qui met en doute votre probité devant tous les autres collègues, dans tous les cas, votre cerveau va avoir le même type de réponse, il va déclencher la production d'hormones de stress pour que vous puissiez survivre ! En réalité, notre cerveau n'adapte pas sa réponse au niveau du stimulus, s'il détecte la moindre menace, comme sa fonction principale est de vous maintenir en vie et en bonne santé, le cerveau va immédiatement faire appel à Mister stress !

Comment cela fonctionne, le stress ?

Imaginez que vous vous retrouviez en face d'un ours, ou plutôt d'un grizzly, 500 kilos d'os et de muscles et deux mètres de haut, capable de vous arracher un bras d'un seul coup de griffe avant de décider de faire de ce qui reste de vous, son prochain repas. Vous n'aurez face au redoutable plantigrade que deux solutions :

Fuir, ou combattre

Or pour mettre en action ces deux alternatives, la fuite ou le combat, nous n'aurons besoin que d'une seule chose, de **l'énergie** ! Et c'est précisément là qu'arrive Mister stress. Même quand la conscience *(la raison)* nous dit que nous ne pouvons rien faire, que l'animal est beaucoup plus rapide que nous et beaucoup plus fort, notre cerveau va pourtant fabriquer de l'énergie pour fuir ou pour combattre. (*Qu'on appelle l'instinct de survie, et dans certains cas, l'énergie du désespoir)* Vous allez voir que c'est une réaction qui démontre l'extraordinaire pouvoir de notre cerveau.

Mister stress rentre en jeu...

Avec quoi va-t-on fabriquer de l'énergie dans notre organisme ? Réponse simple, que beaucoup d'entre vous connaissent déjà, avec du sucre ! En effet, le glucose est une source d'énergie vitale pour notre corps. Nos cellules vont utiliser le glucose en présence d'oxygène, dans un processus appelé *respiration cellulaire* pour produire de l'adénosine triphosphate (ATP), qui est la forme d'énergie qu'elles vont utiliser pour effectuer leurs fonctions essentielles, comme alimenter les processus métaboliques de base et maintenir les fonctions corporelles. C'est donc le glucose qui va fournir cette énergie indispensable pour soutenir l'activité physique essentielle à notre survie.

Alors arrive l'adrénaline

Également connue sous le nom d'épinéphrine, l'adrénaline est une hormone produite par les glandes surrénales en réponse à des situations de stress ou de danger. Elle va jouer un rôle clé dans la mobilisation de l'énergie pour aider le corps à faire face à ces situations.

Face au terrifiant représentant de la famille des ursidés, la peur et son acolyte, Mister stress, vont engendrer une stimulation du système nerveux sympathique qui va envoyer des signaux aux glandes surrénales et libérer de l'adrénaline dans la circulation sanguine. L'une des principales actions de l'adrénaline sera de stimuler la dégradation du glycogène *(une forme de glucose stockée dans le foie et les muscles)* en glucose, dans un processus appelé glycogénolyse. Une fois que le glucose est libéré dans la circulation sanguine, il sera disponible pour une utilisation par les cellules pour produire de l'énergie. Ce glucose va alors être métabolisé dans un processus appelé glycolyse, qui se produit dans les cellules, en particulier dans les muscles, produisant de l'ATP (adénosine triphosphate), principale source d'énergie utilisée par nos cellules. C'est ce processus de dégradation du glucose qui permet une libération rapide d'énergie pour fuir devant l'ours ou le combattre *(en tous cas essayer...)*

Menace ➡ besoin d'énergie ➡ production d'adrénaline qui métabolise le sucre ➡ production d'énergie pour fuir ou combattre

Notez au passage que l'adrénaline stimule également d'autres processus métaboliques qui augmentent la disponibilité d'énergie, telle que la lipolyse, qui va libérer les acides gras stockés dans les tissus adipeux pour pouvoir être utilisés ensuite comme source d'énergie supplémentaire en cas de besoin.

En libérant de l'adrénaline, le système nerveux sympathique va aussi augmenter nombre de nos processus vitaux comme :

- **Le rythme respiratoire,** qui va accélérer créant ainsi un apport d'oxygène au niveau des cellules sanguines augmentant l'énergie.

- **Le rythme cardiaque** va accélérer lui aussi, le cœur va battre de plus en plus vite, chassant le sang, et donc l'énergie vitale, vers les extrémités, les membres supérieurs pour se battre et les membres inférieurs pour fuir. Mais on pourra noter un détail génial *(car notre cerveau est surprenant !)*, si le sang part vers les extrémités, il y en aura moins au niveau du thorax qui contient les organes vitaux essentiels, ainsi, si on se retrouve avec une plaie au niveau du thorax, il y aura moins de risques hémorragiques, mettant ainsi nos organes vitaux un peu plus à l'abri.

- **La sudation :** la production énergétique qui augmente à l'intérieur du corps entraîne une augmentation de la chaleur corporelle, chaleur qu'il va bien falloir évacuer pour assurer un équilibre thermique, comment ? Par la transpiration !

- **Tous nos sens** seront mis en alerte face à un danger mortel, notre ouïe se développe *(hyperacousie)*, notre vue devient de plus en plus perçante *(hyperacuité visuelle)*, nos poils se hérissent pour sentir le moindre souffle d'air sur notre peau *(hyperexcitabilité cutanée)*, qui pourrait signifier l'approche d'un potentiel ennemi.

Donc, lorsque vous sentirez votre **cœur** battre de plus en plus vite, la **transpiration** monter, les mains qui deviennent moites, la **gorge qui devient** sèche et les mots qui se coincent dans le gosier (*l'adrénaline, en plus d'autres réactions physiologiques, provoque la constriction des* *vaisseaux sanguins, y compris ceux qui alimentent les glandes salivaires, mais la transpiration excessive peut également contribuer à la sensation de sécheresse dans la gorge*).

Lorsque vous sentirez vos **poils se hérisser** sur la nuque, quand vous aurez l'impression que le moindre **bruit devient insupportable** *(hyperacousie)* que la **lumière forte devient insupportable** *(hyper acuité visuelle)*, vous saurez que votre cerveau est en train de fabriquer des hormones de stress.

Mais ce n'est pas tout...

Lorsque vous avez fait un bon repas le dimanche chez la mamie, chez les parents ou chez des amis, que faites-vous l'après-midi ? La sieste ! Pourquoi ? Parce que le **transit est énergivore**, digérer demande beaucoup d'énergie. Alors, rappelez-vous, lorsque vous êtes stressé, toute l'énergie part dans les membres inférieurs pour fuir ou dans les membres supérieurs pour se battre, en conséquence, il n'y a plus suffisamment d'énergie au niveau du ventre pour digérer ! D'autant que notre cerveau en cas de menace va décider que le transit n'est pas la chose la plus essentielle à notre survie, ce qui entraînera à minima un ralentissement du transit, mais dans un cas de stress intense, un arrêt total de la digestion et donc des douleurs intestinales. (*C'est le cas typique du petit garçon ou de la petite fille qui en partant à l'école le matin dit à sa maman « j'ai mal au ventre ». Bien sûr, cela peut venir de son alimentation ou d'un problème médical, qu'il ne faudra pas négliger, mais la plupart du temps, cela viendra d'un stress engendré par son départ pour l'école*). Vous avez là l'explication de « ***la boule au ventre*** » ou du « ***nœud à l'estomac*** » qui ne sont que quelques-uns des signes de la présence de l'adrénaline libérée dans notre organisme par Mr stress !

Mais ce n'est pas fini...

Tout cela ne concerne que l'adrénaline qui transforme le sucre en énergie, mais en cas de stress intense ou de crise de panique, la consommation instantanée de glucose va être ultra importante, allant même jusqu'à provoquer des crises d'hypoglycémie, alors quand le sucre vient à manquer ?

Le cortisol entre en jeu à son tour !

Hormone stéroïdienne produite comme sa cousine l'adrénaline par les glandes surrénales, le cortisol est souvent appelé *« l'hormone du stress »*, car comme l'adrénaline, sa libération est augmentée en réponse à des situations considérées par notre cerveau, comme extrêmement stressantes. Le cortisol va influencer le métabolisme des glucides, des lipides, mais aussi des protéines en stimulant à son tour la gluconéogenèse *(la production de glucose)*. A contrario de l'adrénaline, il va le faire à partir de sources non glucidiques, comme notamment les acides aminés et les lipides. Cela permettra d'augmenter les niveaux de glucose sanguin pour fournir de l'énergie au corps lorsque le sucre vient à manquer.

Bon, l'action du cortisol ressemble beaucoup à celle de l'adrénaline donc, rien de neuf sous le soleil... Pourtant, à la différence de l'adrénaline qui a peu d'effet sur le cerveau, mais beaucoup plus sur le reste de l'organisme, le cortisol va lui avoir des effets importants au niveau de notre ordinateur central. En effet, en cas de stress prolongé, voire chronique, il va avoir des impacts sur plusieurs zones du cerveau impliquant des troubles plus ou moins importants, tout d'abord au niveau de :

- **L'hippocampe,** région du cerveau impliquée dans la mémoire et l'apprentissage, l'hippocampe contient un grand nombre de récepteurs aux glucocorticoïdes *(les récepteurs du cortisol)*. Le cortisol va donc influencer la fonction de l'hippocampe, notamment la consolidation de la mémoire et la régulation de l'humeur.

- **L'amygdale et le cortex cingulaire.** La perturbation par le cortisol de ces deux zones du cerveau, fortement impliquées dans la régulation des émotions, de la motivation et des récompenses, va avoir un impact également sur l'humeur, mais aussi sur le comportement.

- **Le cortex préfrontal,** structure cérébrale impliquée dans les fonctions exécutives, la prise de décision, mais aussi dans le contrôle des émotions et la régulation du stress, cette zone pourra elle aussi être perturbée par l'action du cortisol, ce qui pourra avoir un impact délétère sur les capacités cognitives et émotionnelles.

- **Le système vestibulaire,** dont le rôle est d'informer en permanence les centres intégrateurs de la position et des mouvements du corps et de la tête dans l'espace. Pour faire simple, c'est le système qui gère notre équilibre. Or, les hormones du stress, surtout le cortisol, peuvent, si elles sont sécrétées en grande quantité, provoquer des interférences neuronales et impacter le système vestibulaire (*inflammation du nerf vestibulaire, création de cristaux dans un des canaux du système vestibulaire*), avec pour conséquence l'apparition d'étourdissements et de vertiges. Ce qui pourrait être à l'origine des formules couramment utilisées par les personnes stressées pour décrire leur état : *« j'ai l'impression d'être à côté de mes pompes, je ne me reconnais plus, j'ai l'impression d'être désaxé, etc. »* D'autre part, les zones du cerveau responsables de l'équilibre et du stress faisant partie du même réseau, les personnes « anxieuses » pourraient davantage être touchées par les troubles de l'équilibre et les vertiges, car un cerveau stressé a plus de difficulté à gérer les informations sensorielles qu'il reçoit.

En conclusion

Si l'adrénaline a une incidence importante sur l'équilibre physique et nous renseigne sur notre état de stress (*tachycardie, gorge sèche, ventre noué, transpiration...*), le cortisol lui, est un espion insidieux qui va s'insinuer dans notre cerveau et perturber nos facultés cognitives : *« j'ai l'impression d'être perdu, j'ai trop d'idées dans la tête, je n'arrive pas à me concentrer, je n'arrive pas à me fixer sur quelque chose, j'ai l'impression d'être déstabilisé, je ne retiens plus rien, aucune information ne rentre... »* Toutes ces pensées que vous avez eu, lorsque vous étiez stressé, toutes ces phrases que vous avez peut-être dites ou entendues de la part de personnes stressées dans votre entourage ne sont que quelques-uns des exemples de l'action néfaste du cortisol sur notre cerveau.

Notez au passage qu'un nombre de plus en plus important de chercheurs, pensent qu'un niveau de cortisol élevé sur une durée prolongée, c'est-à-dire si vous êtes dans un état de stress chronique ou de dépression pendant au moins six mois, pourrait entraîner une augmentation de la perméabilité de la membrane hématoencéphalique *(barrière physique et métabolique, qui a pour fonction principale d'isoler le système nerveux central de la circulation sanguine, empêchant ainsi que des substances étrangères potentiellement toxiques ne pénètrent dans le cerveau),* ce qui pourrait être une piste d'explication de certaines maladies inflammatoires, présentes chez les personnes souffrant de stress chronique.

« Et je vous rappelle que tout cela est fait pour produire de l'énergie pour fuir ou pour combattre un ours ! »

Or, vous savez très bien que vous ne risquez pas de rencontrer un ours en sortant du supermarché *(sauf peut-être si vous habitez au Canada),* mais imaginez que vous êtes en train d'attendre des résultats médicaux dans une salle d'attente de médecin, et vous avez peur qu'ils ne soient pas très bons. Imaginez encore qu'un automobiliste énervé derrière vous, est en train de klaxonner dans un embouteillage, vous ne pouvez pas avancer et en plus vous risquez d'arriver en retard au boulot, de perdre votre travail et vous n'avez pas encore déposé les enfants à l'école, qui vont donc eux aussi arriver en retard ! Et peut-être qu'une fois arrivé au travail, un collègue, devant tous les autres, remettra en cause vos capacités, votre assiduité... Toutes ces situations ne mettent pas en jeu votre vie ! Et pourtant votre cerveau va réagir dans tous ces cas, exactement comme si vous étiez face à un grizzly ! *ON/OFF !*

Bien sûr, vous comprenez aisément que le stress peut être déclenché par toute une variété de facteurs tels que le travail, les relations, les problèmes financiers, les responsabilités familiales, les événements traumatisants, les changements majeurs de la vie, et j'en passe... Nous avons vu qu'il peut se manifester de différentes manières, tant sur le plan physique que sur le plan émotionnel, incluant des symptômes tels que des tensions musculaires, des maux de tête, des troubles digestifs, une augmentation du rythme cardiaque et de la pression artérielle, des problèmes de sommeil, une diminution de l'énergie, etc. Sur le plan émotionnel, le stress peut se traduire par de l'anxiété, de l'irritabilité, de la frustration, de la tristesse, de la nervosité et une diminution de la concentration.

Certaines personnes pourraient se demander quelle est la différence entre le stress et l'anxiété. La réponse est simple dans le cas du stress, notre cerveau pense que le grizzly est dans la pièce, en ce qui concerne l'anxiété, une petite voix dans la tête nous dit : *il est peut-être probable qu'un jour ou un autre, dans un passé proche ou lointain, je pourrais me retrouver face à un grizzly, et ce jour-là, j'ai peur de ce qui pourrait arriver...* En fait, c'est juste une question de temporalité, le stress c'est ici et maintenant, quant à l'anxiété, c'est pour demain, mais commençons à nous inquiéter maintenant, on ne sait jamais...

Docteur motivation

Après ce tableau noir et négatif, cela va vous paraître étonnant, mais il est important de noter que le stress peut aussi être bénéfique ! Un niveau modéré de stress est à la fois motivant et stimulant, et peut aider les individus à relever des défis et à s'adapter aux situations nouvelles. Dans ce cas, on pourra parler de « bon stress ». C'est l'inverse du « côté obscur » de la force, et c'est ce que j'appelle le **Docteur motivation,** le pendant de **Mister stress.** (*Prenant comme référence l'ouvrage de Robert Louis Stevenson, « docteur Jekyll & mister Hyde » qui présentait deux faces apparemment opposées, d'un même individu)*

Quand un stress excessif et chronique peut avoir des effets néfastes sur la santé physique et mentale, conduisant à des problèmes tels que l'épuisement professionnel, l'anxiété, la dépression et d'autres troubles de santé, un niveau de stress peu élevé, voire inexistant *(si, si ça existe, j'en ai rencontré...)* pourrait être également problématique. Auriez-vous envie que votre fils qui va passer un examen ultra important pour son avenir soit détendu, relaxé, cool ? Bien sûr que non ! Rappelez-vous que le stress se traduit par hyper acuité visuelle et hyperacuité auditive, ainsi qu'une concentration maximale, donc je suis attentif à tout ce qui se passe. Bien contrôlé, bien canalisé, le stress peut devenir un outil puissant pour nous aider à réussir ce que nous avons envie d'entreprendre.

La gestion du stress est donc essentielle pour maintenir un équilibre et une bonne santé ! Maintenant que vous avez le mode d'emploi, et que vous avez compris l'utilité et le fonctionnement de Mister stress, nous allons voir quels outils vont nous permettre de le contrôler.

La gestion du stress

Il est capital de dépenser cette énergie !

Vous avez bien compris que toute l'énergie générée par le stress, n'est réellement nécessaire que si vous vous retrouvez face à un animal sauvage, un prédateur *(menace absolue)* qui en veut à votre vie. Dans le cas contraire, qui est le cas le plus habituel *(menace relative)*, il va donc être important de dépenser cette énergie, de l'éliminer, afin qu'elle ne se transforme pas en quelque chose de toxique pour vous, car si vous ne la dépensez pas, c'est elle qui va vous dévorer, pas l'ours, cette énergie du stress va vous consumer de l'intérieur. Vous remarquerez que si vous passez une journée entière avec un stress intense, le lendemain matin au réveil, vous serez épuisé, la nuit n'aura eu aucun effet bénéfique sur votre récupération, tant l'énergie du stress de la veille vous aura laminé.

Avant de vous donner des outils pour agir sur votre état de stress, il va être important de découvrir quel est pour vous, le premier signal vous indiquant que vous êtes stressé : est-ce une augmentation du rythme cardiaque, une transpiration excessive, les idées qui se brouillent, la lumière et/ou le bruit que vous ne supportez plus, des difficultés à avaler, l'impression d'avoir une boule au ventre ?

Il sera important de noter quels vont être le ou les premiers symptômes qui vont vous indiquer que vous commencez à être stressé. Car même si on retrouve des caractéristiques communes à ces différents signaux, chaque personne étant différente, il faudra commencer par vous observer pour pouvoir agir. Dès que vous aurez noté le premier symptôme, agissez immédiatement, ne reportez pas ce que vous pouvez faire tout de suite « *reprenez immédiatement le contrôle de votre cerveau* », ceci pour deux raisons fondamentales :

1) Interrompre immédiatement la montée du stress et arrêter la fabrication de cette énergie délétère.

2) Augmenter votre niveau de confiance, car si votre cerveau se rend compte que vous arrivez seul, sans l'aide d'un thérapeute ou d'un médicament à arrêter le stress et à le contrôler, alors la peur d'être stressé va diminuer, voire disparaître pour être remplacé par un sentiment de confiance, en effet, une partie de vous, de votre cerveau, saura par expérience qu'elle peut reprendre le contrôle.

Quels outils utiliser ?

Quatre cas de figure se présentent :

A) Vous êtes seul chez vous, ou dans votre bureau et vous commencez à ressentir les premiers symptômes du stress. Pour dépenser l'énergie du stress sans avoir besoin de matériel il vous suffira de vous mettre debout et de faire des squats *(flexion des genoux)* et pas 2 ou 3, mais 50 ! Oh bien sûr cela ne vous prendra pas beaucoup de temps pour faire 50 squats c'est-à-dire 50 flexions de genoux, il ne vous faudra qu'une minute 30 à 2 min, mais je peux vous assurer que lorsque vous aurez terminé, vous aurez dépensé en grande partie l'énergie créée par le stress, et vous aurez repris le contrôle ! Si vous avez un vélo d'appartement et que vous aimez cette activité, alors montez dessus et pédalez rapidement, voire très rapidement pendant 2 min ainsi vous dépenserez également l'énergie générée par le stress. Le principe consiste à pratiquer une APIC (***A****ctivité* ***P****hysique* ***I****ntense de* ***C****ourte durée*), peu importe cette activité physique, pourvu qu'elle réponde aux deux critères suivants : intense et de courte durée.

B) Second cas, vous vous retrouvez en public, vous réalisez que c'est difficile et légèrement ridicule, de faire des squats en pleine rue, il vous faudra adopter une autre technique. Au lieu de dépenser l'énergie du stress, il conviendra de veiller à rétablir l'équilibre entre les systèmes sympathique et parasympathique, en utilisant la respiration diaphragmatique.

Le système nerveux autonome possède 2 modes de fonctionnement :

Système nerveux sympathique augmente tous les paramètres physiologiques

Système nerveux parasympathique diminue tous les paramètres physiologiques

Comment ça marche ?

Le diaphragme est le muscle qui sépare l'abdomen du thorax, de forme convexe c'est lui qui est responsable de l'inspiration. Dans la partie haute du diaphragme se trouve l'orifice œsophagien, une ouverture au travers de laquelle passe l'œsophage, mais aussi et surtout le nerf vague. Également appelé nerf pneumogastrique, ou nerf parasympathique *(le dixième des nerfs crâniens),* c'est celui dont le territoire est le plus étendu *(d'où son nom*). C'est un nerf mixte qui convoie des informations motrices, sensitives et sensorielles, mais c'est surtout sa fonction comme principal intervenant dans la régulation parasympathique qui va nous intéresser ici.

Ce nerf est une voie importante de la motricité viscérale des appareils cardiovasculaire, broncho-pulmonaire et digestif ainsi que de la régulation des sécrétions des glandes surrénales *(qui produisent adrénaline et cortisol),* du pancréas, de la thyroïde et des glandes endocriniennes.

Vous vous rappelez que lorsque nous sommes stressés, notre cerveau va déclencher une réaction du système nerveux sympathique entraînant une stimulation de notre métabolisme, accélérant la fréquence cardiaque, la respiration, etc. À l'inverse, la stimulation du système nerveux parasympathique va avoir un effet apaisant sur l'ensemble de notre corps, en diminuant tout ce que l'adrénaline avait augmenté, recréant ainsi un équilibre *(Homéostasie)*.

Donc, l'activation du nerf vague, principal intervenant dans la régulation parasympathique, va rétablir l'équilibre entre les deux systèmes sympathique et parasympathique, en régulant la fréquence cardiaque, en stabilisant la respiration, mais aussi en régulant la sécrétion de certaines glandes comme les surrénales, qui produisent l'adrénaline et le cortisol. Stimuler le nerf vague aura donc un effet apaisant sur les rythmes cardiaques et respiratoires, mais aussi un effet bénéfique au niveau hormonal en faisant diminuer le taux de sécrétion des hormones du stress, adrénaline et cortisol.

Pratique

Vous avez certainement entendu parler de la cohérence cardiaque, qui permet d'apprendre à contrôler sa respiration afin de réguler son stress et son anxiété. L'exercice que nous allons vous proposer ressemble à cette technique, mais en beaucoup plus rapide. Nous allons simplement vous proposer de faire travailler votre diaphragme pendant seulement quelques secondes de manière à stimuler le nerf vague *(ou nerf parasympathique qui je vous le rappelle passe au travers du diaphragme par l'orifice œsophagien)*. Comme dans la cohérence cardiaque, il suffira d'enchaîner inspiration et expiration chacune pendant seulement 5 secondes.

Mise en place

En position assise, les jambes détendues, les bras également, vous allez inspirer et expirer et cela uniquement par le nez (si vous le faites par la bouche vous allez faire travailler la partie haute du thorax or, je vous rappelle que nous sommes ici pour faire travailler la partie basse du thorax, c'est-à-dire la respiration abdominale ou diaphragmatique). Vous allez faire 3 cycles d'inspiration/expiration, comme suit :

5 secondes d'inspiration suivies de 5 secondes d'expiration, et cela 3 fois. Asseyez-vous, et essayez cet exercice, cela ne vous prendra que 30 secondes.

Allez-y !

Que remarquez-vous ?

Il est particulièrement difficile, lors du premier cycle inspiration/expiration, d'inspirer à fond pendant 5 secondes, puis au 2ᵉ cycle, c'est déjà un peu plus facile vous arrivez à inspirer plus longtemps et au 3e cycle vous allez inspirer profondément jusqu'aux 5 secondes et vous sentirez en même temps, que votre ventre commence à se gonfler, c'est-à-dire que votre diaphragme commence à se libérer.

Que s'est-il passé ? Vous venez tout simplement en seulement 30 secondes de reprendre le contrôle sur votre stress ! S'il vous a été difficile d'inspirer jusqu'au bout lors des 5 premières secondes du premier cycle, c'est tout simplement parce que votre niveau de stress était trop élevé, or, il avait déjà diminué lors de la 2e inspiration, vous permettant d'aller un peu plus loin dans le mouvement respiratoire, à la 3e inspiration, vous avez pu inspirer quasiment à fond pendant 5 secondes. C'est-à-dire qu'en seulement 25 secondes (3 cycles), vous arrivez déjà à inspirer plus profondément, en effet, vous avez déjà commencé à faire baisser votre taux d'hormones de stress ! Cela vous paraît facile, ne me croyez pas, faites-le, c'est tout simplement génial ! En seulement 30 secondes, vous venez de reprendre le contrôle de votre cerveau !

Petite astuce technique, je vous conseille de compter sur vos doigts, 5 secondes pour l'inspiration avec les 5 doigts de la main droite, suivies par 5 secondes pour l'expiration avec les 5 doigts de la main gauche.

Pourquoi compter sur les doigts plutôt que dans sa tête ? Certains patients me disent *« je vais compter dans ma tête c'est plus facile pour moi que de compter sur mes doigts »*. Je vous rappelle que lorsque vous êtes stressé, il y a production de cortisol et que ce dernier va aller perturber une partie de notre cerveau qui s'appelle l'hippocampe, qui gère mémoire et concentration... en cas de stress, vous aurez donc beaucoup plus de mal à vous concentrer mentalement sur quelque chose, comme par exemple le fait de compter ! De plus si vous comptez sur vos doigts, si vous comptez sur vos mains, vous allez vous concentrer sur quelque chose d'extérieur à vous-même, vous allez commencer à externaliser le problème en vous focalisant sur une autre partie de votre corps plutôt que sur votre cerveau, qui lorsqu'il est stressé, va vous envoyer tout un tas de messages peu agréables du style *« ça ne va pas, j'ai peur, je ne vais pas y arriver, ça ne marchera pas, ça ne sert à rien »*.

Autre avantage de compter sur ses doigts : vous allez pouvoir faire cette technique dans n'importe quelle situation, n'importe où. Que vous soyez dans la salle d'attente du médecin en attendant vos résultats d'examens (dont vous avez peur qu'ils soient mauvais et donc vous commencez à stresser), personne ne vous remarquera si vous comptez sur vos doigts. Imaginez encore, vous êtes dans une file d'attente, deux personnes passent devant vous, vous allez rater votre train ou votre avion et vous commencez à stresser, mettez les mains dans les poches, comptez sur vos doigts, 5 secondes d'inspiration suivies de 5 secondes d'expiration, une fois de plus, personne ne remarquera ce que vous faites, votre taux d'hormones de stress diminuera rapidement et vous vous détendrez tout en restant discret.

C) Troisième cas, vous êtes au volant de votre voiture, non seulement il est impossible de faire des squats *(à moins de pratiquer le yoga depuis de nombreuses années...)*, mais encore, si vous vous concentrez sur la respiration diaphragmatique vous risquez de vous déconcentrer de votre conduite et d'être dangereux. Il vous reste une alternative : le chant ! La musique adoucit les mœurs (*on a découvert qu'écouter de la musique provoque la sécrétion de sérotonine, qui agit notamment sur la régulation de l'humeur*), chanter va permettre d'activer votre diaphragme. Pour cela il vous suffira de préparer à votre maison une playlist de 3 ou 4 chansons (*dont vous connaissez les paroles, car pour activer le diaphragme il va être nécessaire de vraiment chanter les paroles de la chanson)* et de l'utiliser lorsque vous serez dans les embouteillages, en retard au boulot où à l'école lorsque vous y amènerez vos enfants. À propos des enfants, faites une expérience très intéressante et très utile : si vous avez des petits qui sont stressés *(rappelez-vous, « maman j'ai mal au ventre » avant d'aller à l'école)*, ajoutez sur votre playlist 3 ou 4 chansons dont ils connaissent les paroles (*pour les tout-petits, les crocodiles ou pirouette cacahuète et pour les autres ce qui leur plaira !)*, mais choisissez à la maison, avec vos enfants, la composition de votre playlist. Une fois dans la voiture et en route pour l'école, chantez tous ensemble, et je vous assure qu'une fois arrivés à destination, devant la porte de l'école, non seulement les enfants ne seront plus stressés *(le mal au ventre aura disparu miraculeusement),* mais les grands non plus ! (Le stress étant communicatif, si les petits sont stressés les parents aussi et inversement...) En prime, vous aurez passé un merveilleux moment de partage et de connivence avec vos enfants pendant le trajet et toute la famille commencera sa journée dans une saine dynamique.

Dernier cas, le cas « *à part* », celui que j'appelle le dilemme... Lors des conférences ou des ateliers que j'ai pu animer sur la gestion des émotions, il y a toujours quelqu'un qui pose la question suivante : « *Dans le cas où nous ne pouvons ni faire des squats, ni pratiquer la respiration diaphragmatique, ni chanter, comment fait-on pour gérer notre stress si par exemple, quelqu'un nous agresse verbalement devant tout le monde ?* » cela vous rappellera peut-être un sketch ou il est question d'une chauve-souris...

Évidemment il y aura toujours des cas où il sera difficile de mettre en place ces outils, même s'ils sont simples d'utilisation. Néanmoins, reprenons ce cas précis : en public votre probité, votre honnêteté ou votre sérieux, vont être mis à mal par un de vos collègues devant l'ensemble du personnel. Comment faire pour qu'une énorme vague de stress, ne vienne pas vous envahir à ce moment-là ? Il va falloir pratiquer ce que j'appelle de *l'aïkido mental.*

L'aïkido est un art martial japonais qui consiste à annihiler l'agressivité de son adversaire en lui démontrant l'inutilité de son attaque. Encore une fois pour pouvoir utiliser des outils, il faut qu'ils soient simples, ainsi, la technique que j'appelle de *l'aïkido mental* est ultra simple : dès que quelqu'un se met à vous aboyer dessus, à mettre en doute une quelconque de vos valeurs en public (*ou en privé*) immédiatement, j'insiste une fois de plus sur le fait que la reprise de contrôle doit être immédiate ! Ressentez la position de vos pieds sur le plancher, comme si vous vous enfonciez dans le sol. Observez alors qu'un de vos pieds appuie beaucoup plus que l'autre, et pendant que vous appréciez cette différence d'appui entre le pied droit et pied gauche, inspirez profondément. Qu'avez-vous mis en œuvre ? Plutôt que de laisser votre cerveau détecter une menace et mettre en application ce qu'il sait faire de mieux, c'est-à-dire vous envoyer une vague de stress pour répondre à cette menace, vous venez de mettre votre cerveau à distance en vous reconnectant à votre corps, par l'intermédiaire d'un ancrage au niveau des pieds, accompagné d'une profonde inspiration, qui en stimulant votre nerf pneumogastrique, stoppe net la production d'hormones de stress. Une fois de plus, ne me croyez pas, essayez et vous verrez, c'est redoutable ! Vous allez avoir l'impression d'être protégé *« comme dans une bulle »*, sans comprendre pourquoi l'autre à l'extérieur de votre bulle continue à vous agresser... Deuxième effet, votre cerveau ne produisant pas d'hormones de stress comme à l'accoutumée, la situation menaçante sera vécue beaucoup plus confortablement, vous garderez ainsi la maîtrise de votre mental, vous permettant alors d'avoir une réaction « appropriée » à cette situation. De plus, vous gagnerez en confiance, car une partie de votre cerveau aura beaucoup moins d'appréhension par rapport aux éventuelles nouvelles situations de conflit, sachant qu'il a pu gérer celle-ci.

Balayons maintenant quelques croyances :

« On me dit de dépenser l'énergie du stress, je vais donc faire du sport tous les soirs pour me déstresser »

Et vous auriez entièrement raison de pratiquer une activité physique régulière, c'est excellent pour la santé ! Par contre là où vous avez tort, c'est que cela ne vous aidera pas à vous déstresser... Pour gérer votre stress, il est primordial de le contrôler dès que celui-ci arrive, je vous le répète encore une fois, dès les premiers signaux, reprenez le contrôle immédiatement ! Ne vous laissez pas aller à vous dire *« je sens que ça ne va pas, mais comme ce soir à 18 heures je vais aller à la gym, je vais pouvoir me détendre »* non, ça ne marchera pas, car jusqu'à ce que vous mettiez les pieds à la gym, votre cerveau aura eu le temps de produire énormément d'hormones de stress, qui auront un effet délétère sur votre système cardiovasculaire, mais aussi sur votre système musculo-squelettique, rendant ainsi votre activité physique peu efficace voire dangereuse, car vous risquerez de vous faire plus de mal que de bien. De plus, si vous commencez à stresser à huit heures du matin, imaginez la surcharge mentale si vous attendez dix-huit heures pour dépenser l'énergie du stress ! Dix heures de fabrication d'hormones de stress auxquelles vous rajouterez une ou deux heures de sport, additionnant à l'épuisement mental la fatigue physique, et vous pensez que vous dormirez paisiblement ce jour-là ? Certainement pas, et en plus vous vous réveillerez le lendemain complètement exténué.

« Je suis trop stressé, il faut que je pense à autre chose pour me changer les idées »

Oui, cela pourrait paraître intéressant sauf que rappelez-vous de l'action du cortisol au niveau de l'hippocampe sur la mémoire et sur la concentration, il en résulte qu'en cas de stress, vous n'arriverez pas à raisonner de manière cartésienne, pas plus que vous n'arriverez à vous concentrer, cela pourrait même être contre-productif, car générant la peur d'un problème mental *(difficulté à se concentrer ou à se focaliser sur une idée précise)* et donc entraînant... du stress !

« Aujourd'hui je suis vraiment trop stressé, vivement que je rentre à la maison pour prendre une bonne bière ou un morceau de gâteau pour me détendre et pour me réconforter ».

Maintenant que vous connaissez le mode d'emploi du stress, vous savez que c'est un processus dans lequel notre cerveau nous fait fabriquer de l'énergie pour répondre à une menace, et que dans ce cas, la seule chose dont nous allons avoir besoin c'est de sucre ! Si vous rentrez chez vous et que vous vous jetez sur une bière, des sucreries, ou toute autre forme de nourriture, ce n'est absolument pas pour vous réconforter, ce n'est pas pour avoir quelque chose de doux pour vous cajoler et vous câliner, non, vous avez simplement besoin de calories ! Alors, vous allez prendre ces calories là où elles existent, dans la nourriture ou dans l'alcool. Ce comportement est particulièrement contre-productif, car pendant que vous vous adonnerez à la boisson ou à la gourmandise, une petite voix dans votre cerveau vous dira de manière *« ce n'est pas bien ce que tu fais »*, créant un sentiment que vous connaissez bien, la culpabilité et la culpabilité engendre quoi ? Du stress !

Il est notoire que le tabac est un puissant antidépresseur *(sic)*, sans rire, si vous saviez le nombre de gens qui croient cette phrase, qui se persuadent que leur cigarette est leur béquille, leur meilleure amie, celle qui les réconfortera lorsqu'ils seront malheureux, déprimés ou stressés. Alors certes, fumer libère dans notre cerveau une petite quantité de dopamine *(l'hormone du bonheur)*, et cela nous fait du bien, mais c'est fugace, cette impression de détente ne dure que quelques instants. La plupart du temps ce n'est pas la cigarette elle-même qui apporte une véritable relaxation, mais plutôt la pause qu'on s'accorde avec elle, pour échapper au travail ou à une source de stress. Nous n'allons pas énumérer ici tous les dangers de la nicotine que vous connaissez certainement, mais simplement parler du fait que le tabac accélère le rythme cardiaque et le rythme respiratoire, provoquant une stimulation du système sympathique. Si nombre de fumeurs croient que le tabagisme leur permet de se relaxer, en réalité physiologiquement, c'est exactement l'inverse qui se produit, puisqu'une stimulation du système sympathique va générer les mêmes signaux que le stress ! Et de plus, tout comme l'alcool, la gourmandise ou la boulimie, l'addiction au tabac va déclencher inconsciemment cette petite voix dans notre tête : *« ce n'est pas bien de fumer ce n'est pas bon pour ta santé »* créant ainsi à chaque cigarette, à chaque bouffée, de la culpabilité qui comme vous le savez désormais, engendre du stress.

Le cas particulier du sommeil

Nous verrons plus tard comment optimiser nos jours, mais qu'en est-il de nos nuits ? Ce temps important quantitativement, que nous dépensons à nous reposer. Mais est-ce vraiment du repos ? Certes nous avons l'impression lorsque nous dormons que notre cerveau se met en veille et pourtant il n'en est rien ! Le sommeil est composé de 2 parties : le sommeil paradoxal et le sommeil profond. Le sommeil paradoxal c'est le moment privilégié par lequel nous rentrons précisément dans cet état que l'on appelle le sommeil, on pouvait même dire que le sommeil paradoxal est la porte du sommeil ! Quant au sommeil profond, il s'agit d'une période pendant laquelle nous allons vraiment nous reposer en déconnectant notre cortex préfrontal (*la partie de notre cerveau qui analyse)*. Nous pourrons ainsi récupérer de la fatigue physique et psychologique accumulée durant la journée.

On a longtemps cru que, pendant le sommeil, le cerveau se mettait en « *OFF* », se déconnectait. Nous savons désormais grâce aux recherches en neurosciences qu'il n'en est rien, car surtout pendant la phase de sommeil paradoxal, une intense activité se produit dans notre cortex.

On sait maintenant que le sommeil optimise notre capacité à apprendre, et il est établi qu'une privation de sommeil entraîne une dégradation de l'encodage lié à une moindre activation de l'hippocampe et un déficit de mémoire déclarative. On pense que le sommeil profond restaure nos capacités d'apprentissage en « réinitialisant » les circuits cérébraux de stockage « saturés » par l'état de veille. Un sommeil léger (*notamment chez les personnes âgées*), des apnées du sommeil, ou simplement un excès de bruit suffisent à compromettre cette restauration.

L'effet bénéfique du sommeil sur la mémoire ne se limite pas à une protection contre sa détérioration (oubli) ou contre les interférences. Outre ces fonctions quantitatives, le sommeil sous-tend un traitement/retraitement des informations mémorisées aboutissant à une modification qualitative, des souvenirs. Après l'endormissement, les éléments nerveux (*neurones et structures cérébrales)* activés par un apprentissage donné sont spontanément réactivés suggérant que le cerveau endormi non seulement révise, mais travaille sur les informations qu'il vient d'apprendre, ce qui pourrait expliquer l'expression *« la nuit porte conseil »*.

On pourrait donc classer les problèmes de sommeil en deux parties *: « j'ai du mal à m'endormir »* (sommeil paradoxal), ou *« je me réveille souvent et j'ai des difficultés à me rendormir »* (sommeil profond) et parfois, il y a les deux en même temps...

Cas N° 1 : *« j'ai du mal à m'endormir »*

Commençons par un point important, cinq minutes avant l'heure du coucher, éteignez vos smartphones, tablettes et autres écrans, en effet, le rétroéclairage des écrans perturbe votre horloge biologique, car la lumière bleue émise active les récepteurs de la rétine en envoyant comme message au cerveau qu'il fait encore jour. Cela diminue, voire supprime, la sécrétion de mélatonine et désynchronise le rythme circadien. Une fois les écrans éteints, prenez ensuite 30 à 45 secondes *(en position assise)* pour pratiquer la respiration diaphragmatique. Le stress stimulant l'état de veille, il paraît donc intéressant de faire baisser le taux d'hormones de stress pour mieux s'endormir ! Puis allongez-vous, fermez les yeux et imaginez que votre main est en train d'écrire une liste de toutes les tâches que vous devez faire pour le lendemain, une sorte de *« to-do list »*. J'insiste sur le fait « d'imaginer » votre main qui écrit, imaginez le support (*papier, bloc-notes, paperboard*) le stylo ou le crayon, la couleur de l'encre, l'imagination participe à l'entrée dans le sommeil paradoxal (*comme les contes pour enfants stimulent leur imagination et les aident ainsi à s'endormir...)* Mais de plus, en imaginant cette *« to-do list »*, vous sécurisez votre cerveau, en effet, une tâche à effectuer que vous auriez oubliée pourrait être analysée par votre cerveau comme une menace, et si votre cerveau détecte une menace... il va vous réveiller ! Veillez donc à tout noter, imaginez votre main écrivant tout cela, et vous serez peut-être surpris de ne pas finir cette liste, car vous aurez agréablement glissé dans le sommeil...

Cas N° 2 : *« je me réveille souvent et j'ai des difficultés à me* rendormir »

Vous remarquerez que l'on se réveille souvent dans la nuit à cause d'un cauchemar ou d'une idée particulièrement perturbante qui trotte dans la tête comme un petit hamster qui tourne dans sa boîte. Dans le cas du cauchemar il est tout à fait normal qu'une peur dans un rêve nous réveille, puisque je vous rappelle que si notre cerveau détecte une menace il nous met en veille. Si c'est une idée noire ou perturbante qui vous réveille, le processus est exactement le même, car votre cerveau détecte là aussi une menace et donc il vous met également en veille. La solution dans les deux cas sera exactement la même : Asseyez-vous au bord de votre lit et faites 30 à 45 secondes de respiration diaphragmatique, vous savez maintenant que se lever et tourner en rond dans la pièce ne sert à rien, essayer de penser à autre chose ne sert à rien non plus, car vous connaissez désormais la perturbation au niveau du cerveau que créent les hormones de stress ! Faites simplement baisser votre taux d'hormones de stress en pratiquant la respiration diaphragmatique, et vous serez surpris de la détente que cela procure, surtout pendant la nuit, responsable de nombre de peurs ataviques, toutes reliées à notre passé ancestral ou archaïque.

À retenir :

Une émotion est une réaction biochimique ressentie dans notre corps, fabriquée par notre cerveau pour répondre à un stimulus

Menace relative ou absolue = 1^e seule réponse ON/OFF= *Mister stress*

Six émotions principales / Émotions secondaires construites à partir des émotions principales

Comment me parle mon stress :

Signaux du Canal physique (tachycardie, sudation, gorge nouée, nœud à l'estomac, tremblements, bruits et lumières insupportables)

Signaux du Canal mental (perte de concentration, humeur instable, perte de repères, sensation de déséquilibre)

Les outils de gestion du stress : Dépenser l'énergie créée par le stress / Respiration diaphragmatique / Playlist

Transmettre la connaissance

Dans la mesure ou certains d'entre vous ne sont ni dans le monde de l'éducation en particulier, ni dans celui de l'enseignement en général, peut-être que vous pourriez vous demander pourquoi vouloir transmettre ce que vous venez d'apprendre en lisant les précédents chapitres ?

Si c'est le cas, réfléchissons ensemble un instant : n'aimeriez-vous pas vivre dans une société moins malade, et pensez-vous réellement que seul votre bien-être compte, indépendamment de ceux qui sont autour de vous ainsi que de votre environnement ? Peut-être que oui... Mais si vous avez choisi ce livre, c'est que vous vous posez des questions sur votre vie, votre santé mentale. Alors si les outils dont nous avons parlé précédemment vous seront utiles au quotidien en vous permettant de reprendre le contrôle, d'agir au lieu de subir, n'aimeriez-vous pas que les autres en bénéficient également ?

Le penseur indien Krishnamurti, avait cette formule redoutable : « *ce n'est pas un signe de bonne santé mentale que d'être bien adapté à une société malade* » et il avait tellement raison ! S'occuper de son bien-être, prendre soin de sa santé mentale c'est déjà un début d'attention portée à l'autre, car si vous allez bien, vous allez créer autour de vous un environnement sain dans lequel la potentialité que tout se passe bien sera plus importante que si vous êtes en mauvaise santé mentale.

Mais est-ce suffisant ?

Il y a plusieurs façons de transmettre, la transmission orale est la plus traditionnelle, comme jadis un prophète disait à ses disciples : *« allez répandre la bonne parole autour de vous »*. Lorsque vous serez en présence de quelqu'un qui souffre, qui est malheureux, « mal dans ses baskets » (ou à côté de ses pompes !) transmettez ce que vous avez retenu de « notre » fonctionnement, et donnez-lui tous les renseignements utiles sur l'utilisation des outils antistress que vous connaissez. Premier avantage, il ou elle se sentira moins seul(e). Lorsque je ne me sens pas bien, savoir que d'autres ont ressenti la même chose est rassurant. Deuxième avantage, dont nous avons déjà parlé, la connaissance de notre fonctionnement en cas de stress (*notre mode d'emploi*) éloignera la peur de ce que précisément nous ne connaissons pas. Alors, vous aurez par de simples paroles, rassuré cette personne à deux niveaux :

1) Se sentir mal, c'est se sentir anormal, en marge, et avoir peur d'être exclu, rejeté du groupe à cause de cette différence. Or, dans le Darwinisme, être rejeté du groupe c'est mourir. En effet, au cours de l'évolution de notre espèce, tous ceux qui se sont retrouvés à un moment de leur existence, isolés de leur groupe, avaient très peu de chance de survie. Ainsi, lorsque vous direz à cette personne *(en lui expliquant pourquoi, c'est-à-dire en lui donnant le mode d'emploi)* lorsque vous lui direz que tout ce qu'elle ressent est « normal », et que tous nous pouvons le ressentir, à un niveau inconscient, vous la

réintégrez dans le groupe, créant un premier effet rassurant.

2) Deuxième niveau, c'est un niveau plus « personnel », en transmettant, vous apportez de l'attention, non pas comme le maître à l'élève, mais en reconnaissant à cette personne la capacité d'agir, *« toi aussi tu peux le faire »,* ainsi, vous allez lui redonner confiance dans le présent, mais aussi dans l'avenir. Avoir confiance dans le présent, c'est prendre plaisir à l'instant en produisant de la dopamine *(la molécule du plaisir),* avoir confiance dans le futur, c'est envisager des *« lendemains qui chantent »,* c'est produire de la sérotonine (*Molécule impliquée dans la régulation des comportements, l'humeur, l'anxiété ou encore l'apprentissage, mais aussi dans la motivation et la prise de décision).* Transmettre c'est donc également offrir la possibilité au cerveau de l'autre, de fabriquer de la dopamine, mais aussi de la sérotonine, deux neurotransmetteurs essentiels à une bonne santé mentale.

Mais transmettre se fait également par une autre forme de langage, que l'on appelle le langage non verbal (cf. ***Paul EKMAN***), ou langage corporel, ainsi, vous allez découvrir à quel point cette forme d'expression est importante pour nous, notre personne, mais aussi pour tous ceux autour de nous avec lesquels nous communiquons verbalement *(langage oral),* mais aussi de manière infraverbale *(langage corporel),* et vous allez pouvoir constater à quel point notre corps, et l'image qu'il renvoie de nous-mêmes, a un impact important dans nos interactions avec notre environnement.

De l'émotion incarnée, ou l'importance de la posture

« Tiens-toi droit ! » Rares sont ceux qui parmi nous n'ont pas entendu cette phrase dans leur jeunesse, n'est-ce pas ? Ce temps, lorsque nous étions enfants ou adolescents, une époque à laquelle nous avions une tendance toute naturelle à être sujet à la pesanteur, à nous ratatiner, à nous avachir, car nous étions tellement, mais tellement mous...

Voyez comment la notion de *« corps en bonne santé »* revient, votre posture et votre attitude sont les deux images que vous renvoyez du plus profond de vous et avec lesquelles vous rentrez en communication avec l'extérieur. Comme aurait dit Victor Hugo, à qui on attribue la citation suivante : *« La forme, c'est le fond qui remonte à la surface »*. Si vous décidez de vous habiller le matin en *sportswear*, c'est pour envoyer une certaine image de vous, cool, sympa, détendu. Si vous décidez d'opter pour un costume ou pour un tailleur plus strict, alors l'image que vous aurez envie de renvoyer sera de quelqu'un de plus sérieux, posé. Tout cela paraît subjectif et pourtant c'est bien de manière consciente que nous décidons de renvoyer vers l'extérieur, ces images de nous-mêmes. Sauf à considérer qu'un lutin intrépide viendrait, à notre insu, poser nos vêtements pour le lendemain sur un porte-manteau. Et ne vous y trompez pas si vous décidez de renvoyer une image c'est pour avoir un retour, il y a donc bien déjà là, un début de communication.

Dans l'Antiquité les acteurs portaient des masques différents pour souligner le « *caractère particulier* » du rôle qu'ils devaient interpréter. L'un était grimaçant, quand l'autre était sourire ou stupeur. Le masque de l'acteur représentait alors la personnalité du rôle, il servait à souligner le côté différent de chaque interprétation. Ce masque qui s'appelait « *persona* » en latin est précisément l'origine étymologique du mot « personnalité ». Il symbolisait le fait que ce qui était important, c'était la fonction et pas la personne qui était derrière, en cela, les acteurs pouvaient changer de masque, de rôle ou de fonction, sans jamais altérer leur propre personnalité.

Partons déjà de votre posture

« *Inspirez profondément* », et vous allez ressentir automatiquement que vous vous redressez, c'est tout simplement l'effet du muscle inspirateur *(le diaphragme)*, qui en prenant appui sur les vertèbres dorsales en arrière et sur la cavité abdominale en avant, permet à la fois au thorax de grandir d'avant en arrière, mais aussi de droite à gauche, ce qui nous amène à nous redresser. Faites cela et observez, lorsque vous vous redressez, ce que cela produit dans votre esprit et dans votre mental...

Cela pourrait paraître étonnant, mais lorsque l'on se redresse, notre ligne d'horizon, c'est-à-dire ce vers quoi on porte notre regard, ce vers quoi nous tendons, devient plus claire et plus haute. Alors si ce vers quoi vous tendez est plus haut, plus clair, imaginez ce que cela peut induire en termes de comportements... Avez-vous envie de raser les murs, de raser le sol, où d'avancer vers un but plus élevé ?

Quelque part, se redresser c'est déjà donner du sens à cette vision, c'est donner du sens à notre vie, et tout simplement, en inspirant profondément et en nous redressant, facile non ? Être droit, c'est avoir une posture qui s'oriente vers la verticalité (*et rappelez-vous que symboliquement la verticalité et le fait de regarder vers le haut sont en relation avec une émotion qui s'appelle la joie !*). C'est donc déjà une forme d'action, par conséquent c'est déjà ne plus subir.

Si vous avez dans votre vie été soumis à des événements particulièrement difficiles *(deuil, séparation, perte de travail ou tout autre événement éminemment perturbateur dans votre vie professionnelle, sociale ou familiale)*, la tentation à ce moment-là, aura été de dire, et même certains amis vous y auront peut-être enjoint, la tentation aura été de « *courber l'échine* », de « *laisser passer les choses au-dessus de sa tête* » en se disant qu'à un moment donné ça ira forcement mieux. Et c'est peut-être vrai. Il n'empêche que cette attitude, le dos courbé, est une attitude de passivité qui ne vous permettra pas de passer au-delà d'un événement difficile, mais juste de le laisser passer... Si nous ne traversons pas cette émotion, si nous ne vivons pas cette expérience d'aller au-delà de cette sensation lorsqu'elle est désagréable, alors elle va rester quelque part à l'intérieur et comme un fruit trop mûr tombé de l'arbre, se décomposera en nous empoisonnant à petit feu.

Alors, plutôt que de courber l'échine et de laisser passer les problèmes, au risque à chaque fois de vous enfoncer un peu plus, essayez d'utiliser chaque problème comme une opportunité que vous pouvez saisir. Vous comprenez bien que si vous avez le dos voûté, si vous avez l'échine courbée, vous ne pouvez rien saisir, vous ne pouvez que subir. Personne ne vous blâmera d'essayer de faire de chaque problème une occasion, un avantage. Winston Churchill disait : *« Un pessimiste voit la difficulté dans chaque opportunité, un optimiste voit l'opportunité dans chaque difficulté. »*

On peut noter au passage que le travail du diaphragme ne fait pas que nous aider à nous tenir droit. Nous avons déjà vu l'importance de la respiration sur le stress, ainsi l'inspiration stimule le nerf vague, ou nerf pneumogastrique, actionnant ainsi notre système parasympathique et faisant alors baisser le taux d'hormones de stress, raison supplémentaire pour se redresser !

Mais au-delà de l'avantage, ou des avantages physiologiques que l'on peut tirer d'une posture droite et d'une inspiration correcte *(notez au passage qu'il vaut mieux être inspiré pour réussir dans la vie au-delà de ces avantages physiologiques...)* il y a aussi un avantage psychologique.

En effet, qu'est-ce qui est attirant chez une personne, bien au-delà de son physique ou de son statut social ? Qu'est-ce qui est motivant, et qui va permettre à un homme ou à un groupe d'hommes ou de femmes, une communauté voire une population d'avoir envie de suivre quelqu'un ? Vous allez me dire qu'il y a le projet, mais avant le projet il y a précisément le porteur du projet ! Alors qu'est-ce qui est inspirant chez un homme ou chez une femme ? À mon avis sa posture ! que l'on pourrait décliner en trois « *couleurs* » fondamentales la **simplicité**, l'**élégance** et l'**exemple**.

La simplicité

C'est la facilité à faire quelque chose en particulier, tout en donnant l'impression que cette chose est naturelle pour nous. La facilité de parler, la facilité de se présenter, de mettre en valeur quelqu'un ou un projet, la facilité de convaincre, la facilité de jouer d'un instrument ou encore la facilité de pratiquer une quelconque activité. Vous aurez cependant compris que la facilité découle du travail, passer des années à jouer d'un instrument, passer des années à manier une raquette de tennis, apprendre à communiquer, pour un observateur extérieur cela paraîtra tellement facile ! Pourtant inconsciemment on sait très bien qu'il y a du travail derrière cela, que tout cela n'est pas de l'inné, mais de l'acquis. La preuve, c'est que la première question que l'on a envie de poser à quelqu'un, dont la pratique d'une activité professionnelle ou artistique nous semble « facile », cette première question sera : *« il y a combien de temps que tu pratiques cela ? »*

L'élégance

C'est le petit plus, c'est quelque part ce que l'on pourrait appeler le supplément d'âme, mais ne vous y trompez pas cette élégance est elle aussi concomitante de la facilité et donc du travail... Sur 20 joueurs de piano, sur 20 managers, sur 20 hommes politiques, un seul aura cette élégance, tous auront travaillé pour y arriver, alors qu'est-ce qui fait qu'un tel ou un autre aura l'élégance ? Peut-être le fait d'être entièrement connecté à l'instant, et donc dévoué à son art ou son activité, mais sans être pour autant déconnecté de l'extérieur ! On pourrait considérer l'élégance comme une forme de présence totale, pleine et entière à soi-même *(que l'on pourrait retrouver dans la pleine conscience des bouddhistes)* sans être dépendant de l'extérieur c'est-à-dire sans être dépendant du regard d'autrui, tout en lui accordant toute notre attention. L'élégance pourrait se résumer ainsi : se soucier d'autrui sans tenir compte du jugement qu'il peut porter sur nous.

L'exemple

Beaucoup en parlent, mais tellement peu agissent... Il paraît simple de dire qu'il faut mettre ses actes en harmonie avec ses paroles, mais essayez déjà de mettre vos paroles en harmonie avec vos pensées ! Et rappelez-vous que lors du chapitre consacré aux émotions, nous avions parlé du corps vu comme « *de l'émotion incarnée* », on retrouve ici encore, l'importance de la posture.

Alors dans votre posture, quelle émotion avez-vous envie d'incarner ? La tristesse, le dégoût, la colère ou la joie la confiance et la stabilité ? Qu'avez-vous envie d'avoir comme « **attitude émotionnelle** » devant les différents événements de la vie ?

L'importance de l'attitude

Comme nous avons vu l'importance de « *l'ancrage postural* », l'attitude pourrait être définie comme une forme « *d'ancrage mental* ». Bien que la respiration et la posture participent déjà à cet ancrage mental, se tenir droit, se tenir dans l'axe avec un regard et une vision élevés, s'orienter vers l'avant, vers l'avenir, c'est déjà avoir une posture inspirante pour les autres, mais cela dépendra aussi de son attitude.

Alors, vous pourriez vous demander *« qu'est-ce qu'une bonne attitude ? »* Je préférerais qu'à cette question vous puissiez lui substituer *« qu'est-ce que serait* ***ma*** *bonne attitude ? »*, vous auriez alors commencé à comprendre qu'une attitude doit être quelque chose de singulier, quelque chose qui vous correspond. Tout comme votre corps, votre mental doit pouvoir être fluide, et s'adapter. Pour que *« votre »* attitude ne soit pas celle d'un autre, il faudra déjà, sortir du concept « *ou bien ceci ou bien cela* » pour adopter celui de « *et bien ceci et bien cela* ». Pour simplifier, apprenez à ne plus choisir de manière obtuse, ne vous « *cramponnez* » pas sur une décision, lorsqu'elle a plus d'inconvénients que d'avantages. Autorisez-vous à remplacer la rigidité d'une idée préconçue, par la souplesse d'un esprit qui s'adapte.

Sainte Thérèse d'Ávila disait « *Entre le bien et le mal, je choisis tout* », quand notre Napoléon national disait : « *De Clovis au Comité de salut public, j'assume tout* ». Dans deux styles bien différents, ces deux personnages célèbres voulaient signifier par cela que pour être dans le monde, pour être « *présent* » à soi et aux autres, il fallait être un être complet et accepter sa part d'ombre comme sa part de lumière.

La bonne attitude sera donc celle que vous aurez trouvée, après de nombreux essais, de nombreuses erreurs, de nombreuses chutes, de nombreux écarts, mais finalement, après avoir testé plusieurs « *persona* », le fameux masque des acteurs romains, vous trouverez celui qui vous correspondra.

Donc, bien au-delà de la posture et de l'attitude, le plus important c'est de se connecter à soi, non pas dans un but uniquement introspectif, mais surtout dans un but prospectif. Pour pouvoir harmoniser ce que l'on voit de l'extérieur à ce que l'on ressent de l'intérieur, une fois de plus, il faut être souple et donc adaptable. Pas dans le sens de la girouette qui ne fera qu'indiquer le sens du vent, mais dans l'attitude et la posture du capitaine du bateau, qui indiquera à la fois le sens du vent, mais aussi et surtout, le sens de la marche à suivre pour le navire et ses passagers.

Est-il possible d'optimiser sur sa posture ?

Comme le décrivait dans un de ses ouvrages, le neuroscientifique ***Antonio DAMASIO***, *« Le corps c'est de l'émotion incarnée »*. Et bien il existe un « secret » physique pour transmettre de l'émotion dans *« notre posture »*, car nous l'avons vu, l'émotion est associée au mouvement et nous savons en physique, que les mouvements suivent les forces et les appuis. Ce secret réside dans les deux axes qui nous permettent de nous tenir droits : la verticalité et l'horizontalité.

La verticalité c'est elle qui fait le principe de responsabilité, le repère de la verticalité c'est celui du chef, du leader qui est en quelque sorte un père pour les autres, c'est celui qui prend tout en charge et qui agit :

« Le chef est celui qui prend tout en charge, il dit j'ai été battu, il ne dira pas mes soldats ont été battus ». Antoine de Saint-Exupéry

L'horizontalité c'est aussi la latéralité, et c'est avant tout le regard qui socialise, avoir une vision latérale, c'est avoir une vision permanente de soi et de son entourage, une vision d'ensemble. Autant le premier axe pourrait créer une solitude de chef (*mais aussi une autonomie de notre pensée*), autant le 2e axe va modifier notre communication et notre capacité à épouser l'environnement, en nous mettant au service du commun et en créant du lien social, on pourrait dire que ce deuxième axe adoucit et féminise. Si la verticalité pouvait être vue métaphoriquement comme l'attitude du père, l'horizontalité ou latéralité pourrait s'apparenter à l'attitude de la mère, faisant ainsi de celui qui se tient debout sur ces deux jambes et qui avance en suivant ces deux axes, un être complet qui pourra embrasser la vie tout en s'adaptant.

Vous comprendrez aisément que si nous n'utilisons dans notre vie sociale ou professionnelle, que la verticalité, nous allons droit vers la dictature et qu'à l'inverse, si nous n'utilisons que l'horizontalité ou la latéralité, nous risquons fort d'être peu écoutés, pas pris au sérieux et vite dépassés. Comme un enfant a besoin d'un père et d'une mère, nous avons besoin de ces deux natures pour avancer, mais également pour guider les autres.

L'importance du regard

Le regard de celui qui agit, de celui qui est responsable, devrait avoir les deux caractéristiques suivantes :

- Un regard permanent : quand nous réfléchissons, nous n'avons pas intérêt à réfléchir les yeux vers le ciel, dans les airs ou vers le sol, dans la terre, celui qui agit doit réfléchir le regard dans les yeux de l'autre, ou des autres, c'est par exemple, le regard de l'acteur, de l'orateur qui perd son texte, mais qui prend l'énergie de l'autre, l'acteur qui prend la ressource de celui avec qui il joue et très vite il retrouve son texte dans son exactitude.

- Évitez d'avoir un regard qui donne : le regard qui donne est celui de ceux qui ne vont traverser la vie que dans l'horizontalité et la latéralité, ils vont trop donner de leurs états d'âme personnels, de leur préférence dans la salle pour un orateur, de leur fatigue ou agacement en un mot de leur naturel. Le regard de celui qui veut tenir son rôle (*père, mère, leader, ami*) c'est un regard qui ne donne pas, mais qui prend, qui prend en compte l'altérité, qui prend en compte les données extérieures de la situation, un regard qui prend la globalité, qui en permanence doit s'assurer que l'on a équilibré son regard sur l'ensemble de la situation, en tenant compte des singularités de chacun. Pour reprendre l'exemple d'un conférencier, il ne regardera pas la salle en général, la balayant dans son ensemble, mais plutôt à chaque fois, il pourra regarder une personne en particulier à condition bien sûr, de ne pas oublier une partie de la salle, de rééquilibrer d'une version aléatoire et variable de façon à éviter les effets mécaniques comme à Roland-Garros où on passe son temps à regarder de la droite vers la gauche et de la gauche vers la droite, ce qui fait qu'en général la salle s'endort !

L'importance de la voix

Une voix inspirante, que l'on aurait à minima envie d'écouter et au mieux, envie de suivre, devrait être dotée d'un certain *« vouloir vocal »*. La voix sera porteuse d'énergie si elle respecte le principe suivant : pour montrer son tonus encore faut-il avoir des toniques ! Et là, il est conseillé d'avoir au minimum une tonique sur la première syllabe du premier mot de chaque phrase et une tonique sur la dernière syllabe du dernier mot de chaque phrase (*alors que souvent nous faisons l'inverse*), essayez, entraînez-vous, et vous découvrirez que c'est ce qui permettra a vos auditeurs d'être attentifs au début et à la fin de chaque phrase, et sachant que c'est souvent ce que l'on retient d'un discours, le début, et la fin...

Notez enfin que le pouvoir se prend bien plus par la voix que par les gestes, et qu'un fort « vouloir vocal » sera plus efficace qu'un langage non verbal surabondant, vous pourrez retrouver tout cela en écoutant ou mieux, en visionnant (*vous pourrez alors mettre en évidence la différence entre langage corporel et langage verbal*) le discours inaugural de *John Fitzgerald Kennedy*, 35e président des États-Unis, après sa prestation de serment le vendredi 20 janvier 1961, tout un programme...

« Et donc, mes chers compatriotes américains, ne demandez pas ce que votre pays peut faire pour vous, demandez-vous ce que vous pouvez faire pour votre pays. Mes concitoyens du monde, ne demandez pas ce que l'Amérique fera pour vous, mais ce que nous pouvons faire ensemble pour la liberté de l'homme »

Vers une ergonomie cognitive

L'ergonomie se définit comme l'adaptation d'un environnement de travail (*outils, matériel, organisation...)* aux besoins de l'utilisateur. Pour transmettre efficacement, il faudra trouver un moyen d'optimiser nos outils de transmission, c'est ce que l'on peut qualifier d'ergonomie cognitive. Cette forme d'ergonomie fait partie d'un domaine d'étude qui se concentre sur la manière dont les individus perçoivent, traitent et interagissent avec les informations et les systèmes interactifs, comme un logiciel, un site web ou une application mobile. Elle vise à concevoir des interfaces, mais aussi des environnements de travail qui vont optimiser la performance cognitive, et donc, la compréhension et surtout, la satisfaction des utilisateurs. Elle s'intéresse aux processus mentaux tels que la perception, l'attention, la mémoire, la résolution de problèmes et la prise de décisions. Elle examine comment ces processus sont influencés par les caractéristiques de l'environnement et des outils de travail, ainsi que par les compétences, les connaissances et les attentes des individus.

L'objectif de l'ergonomie cognitive va être de concevoir des systèmes et des interfaces qui correspondent aux capacités cognitives des utilisateurs, cela en minimisant les charges mentales excessives, les erreurs, mais surtout la fatigue psychique. Cela peut inclure des principes tels que la présentation claire des informations, la réduction des distractions, la facilitation de la recherche d'informations et la simplification des tâches complexes. Nous allons raisonner, non pas du point de vue de la conception des systèmes et des interfaces, qui incombe aux professionnels de ces domaines, mais sous l'angle de celui qui peut passer du stade de « *je subis* » à celui de « *j'agis* », c'est-à-dire du point de vue de l'utilisateur, dans un souci d'optimisation de ses compétences.

Ergonomie cognitive ou neuro-ergonomie ?

La neuro-ergonomie a été initiée par le *Dr Raja Parasuraman,* pour le domaine des facteurs humains dans l'industrie aérospatiale. Elle vise à concevoir des systèmes plus sûrs, garantissant une efficience plus grande du couple opérateur/système. À ce niveau-là vous aurez bien compris que parler d'ergonomie cognitive c'est reconnaître que l'opérateur c'est vous et que le système sur lequel vous pouvez agir, c'est votre cerveau !

En résumé, l'ergonomie cognitive, tout comme la neuro-ergonomie, cherche à adapter les environnements de travail et les interfaces utilisateur pour optimiser les performances mentales des utilisateurs, favoriser la compréhension et améliorer l'expérience utilisateur globale.

Alors, comment utiliser cette ergonomie cognitive dans notre quotidien dans notre environnement socioprofessionnel ?

Commençons par une notion importante : contrairement à ce que pensent certains, un cerveau multitâche, c'est comme une fourmi de 18 mètres avec un chapeau sur la tête, cela n'existe pas ! Je sais que les plus « machos » d'entre les lecteurs masculins de cet ouvrage essaient peut-être de faire croire à leur épouse que seule la femme possède cette capacité unique, au contraire de l'homme, d'avoir un cerveau multitâche ! Par conséquent, elle peut faire la vaisselle, débarrasser la table et passer l'aspirateur pendant que lui regarde tranquillement la télévision ou son ordinateur.

Eh bien Mesdames, vous pourrez dire à vos maris que le cerveau multitâche cela n'existe pas, alors, au boulot les gars !

Bien sûr vous aurez tous remarqué que l'on peut passer d'une tâche à l'autre très rapidement, si vous observez les joueurs de batterie, chacun de leurs pieds peut jouer deux rythmes différents quand les deux mains semblent elles aussi animées d'une vie propre et autonome du reste du corps, pourtant tout cela ne se fait pas en même temps, mais en ALTERNANCE, certes en quelques millièmes de seconde ce qui donne cette impression de fluidité dans l'exécution.

Bien plus encore, on peut faire une tâche en mode automatique ou inconscient et faire quelque chose de conscient en même temps. Par exemple vous pouvez conduire votre voiture et en même temps écouter la radio, n'est-ce pas ? Et tout cela en étant attentif à la route de manière complètement inconsciente. Bien sûr nous pouvons respirer et en même temps marcher tout en discutant avec quelqu'un n'est-ce pas extraordinaire ? Sauf que dans ces cas-là ce n'est pas un cerveau multitâche conscient qui fonctionne, mais une partie inconsciente qui va effectuer une tâche pour laquelle elle est programmée. Alors pourrait-on programmer certaines tâches pour les exécuter parfaitement sans même s'en rendre compte et avoir notre conscience focalisée sur autre chose ? La réponse est oui bien évidemment, puisque notre organisme le fait déjà naturellement, mais certains pourraient penser que c'est impossible, vous savez ceux-là mêmes qui n'ont pas essayé...

L'ergonomie cognitive consiste donc à se concentrer sur l'adaptation des tâches, des environnements et des technologies, aux facultés cognitives et aux processus mentaux des individus. Ces deux termes sont souvent utilisés de manière interchangeable pour désigner l'application des connaissances sur le fonctionnement du cerveau et de l'esprit à la conception et à l'amélioration des systèmes humains.

Comment procéder ?

Pour adapter les tâches, les environnements et les technologies aux capacités cognitives et aux processus mentaux des individus, et donc pour arriver à une efficience plus grande du couple opérateur/système. *(Je vous rappelle que l'opérateur c'est vous et que le système c'est votre cerveau)* il est important de commencer par étudier l'opérateur.

Mise en pratique

1. Par l'observation : observer les utilisateurs dans leur environnement naturel ou lorsqu'ils effectuent des tâches spécifiques. Cette méthode permet de recueillir des

informations sur leur comportement, leurs habitudes et leurs défis.

2. Les entretiens : réaliser des entretiens individuels ou des groupes de discussion avec les utilisateurs permettra de recueillir des informations sur leurs expériences, leurs préférences, leurs motivations et leurs besoins. Les entretiens offrent un espace pour des discussions ouvertes et des échanges d'informations approfondis.

3. Des évaluations cognitives standardisées, pour évaluer les capacités cognitives des utilisateurs/ opérateurs, telles que la mémoire, l'attention, la résolution de problèmes et les compétences linguistiques. Ces évaluations peuvent être menées par des professionnels de santé spécialisés.

4. Tests d'utilisabilité : Effectuer des tests d'utilisabilité sur des produits existants *(par exemple un nouveau logiciel dans une entreprise)*, pour évaluer leur facilité d'utilisation, mais aussi les performances et les préférences des utilisateurs. Ces tests d'utilisabilité peuvent fournir des informations concrètes sur les difficultés rencontrées par les utilisateurs et les améliorations nécessaires.

5. Retour d'expérience : recueillir les retours d'expérience des utilisateurs par le biais des quatre outils précédemment cités (*entretiens, tests d'utilisabilité, évaluations cognitives standardisées et observation*). Ces retours permettront d'obtenir des informations sur les problèmes rencontrés, les besoins spécifiques et surtout les suggestions d'amélioration, si possible, ces retours d'expérience doivent être réguliers.

Il est important de rappeler que chaque utilisateur, comme chaque individu, est unique, et il est donc essentiel de combiner différentes méthodes et approches pour obtenir une compréhension complète des capacités cognitives, des préférences et des besoins individuels. La liste des moyens précédemment cités, permet d'adapter les tests en fonction de la personne qui les réalise, quand l'un préférera les entretiens, un autre sera plus à l'aise avec des tests d'utilisabilité, il faudra néanmoins panacher au minimum 3 de ces moyens pour pouvoir se rapprocher au plus près d'une image exacte des besoins d'un utilisateur afin de créer un environnement propice à un bon équilibre.

Une gestion du temps humaniste

Qu'est-ce que le temps ? *« Si personne ne me le demande, je le sais. Si je veux l'expliquer à qui me le demande, je ne le sais plus »*. Saint Augustin.

Or pour transmettre, il faut en avoir, du temps ! Le biologiste Henri Laborit disait : *« Pendant que l'on cherche à comprendre, le temps passe et la vie avec lui. »*

Gérer son temps de manière humaniste consiste à prendre des mesures pour utiliser efficacement son temps afin d'atteindre ses objectifs, plutôt que de simplement réagir aux événements et aux urgences qui surviennent, nous reprendrons à nouveau le schéma initial, *« agir plutôt que subir »*

Pourquoi humaniste ? Nous considérons qu'une gestion du temps humaniste est une approche mettant l'accent sur le bien-être, la créativité, la connexion humaine et le respect de ses besoins individuels sans pour autant négliger ceux des autres. En s'aidant des outils de l'ergonomie cognitive, il s'agit en fait d'une gestion du temps qui reconnaît que ce dernier *(le temps)* est une ressource limitée et précieuse, et vise donc à l'organiser de manière à améliorer la qualité de vie et à favoriser le développement personnel, tout en respectant les valeurs fondamentales de l'humanité et/ou de la société pour laquelle on travaille.

Voici quelques principes clés d'une gestion du temps humaniste, qui sont dans la suite logique de l'émotion incarnée et de l'ergonomie cognitive :

Priorité à l'équilibre : une gestion du temps humaniste mettra l'accent sur l'équilibre entre travail, vie personnelle et loisirs. Elle reconnaît l'importance de prendre du temps pour se ressourcer, se détendre et maintenir des relations sociales significatives.

Flexibilité et adaptabilité : plutôt que de suivre rigidement un emploi du temps fixe, une approche humaniste permet d'ajuster son emploi du temps en fonction des besoins du moment. Cela signifie être capable de réagir aux imprévus et de s'adapter aux changements de circonstances, on retrouve ici encore la notion de flexibilité importante pour pouvoir s'adapter aux changements plutôt que d'avoir l'impression de les subir.

Respect des rythmes naturels : prendre en compte les rythmes biologiques naturels, tels que les cycles de sommeil et de concentration. Vouloir gérer son temps efficacement, encourage à planifier les tâches exigeantes mentalement aux moments de la journée où l'on est le plus alerte et efficace, l'autodiscipline et la prévoyance sont les deux clés de contrôle efficace de notre temps.

Priorisation des valeurs personnelles : vous êtes tous encouragés à réfléchir à vos valeurs personnelles, à vos objectifs à court et à long terme et ainsi à organiser votre temps en fonction de ces priorités. Cela signifie parfois dire « non » aux engagements qui ne correspondent pas à vos valeurs. Petit rappel, votre cerveau juge la pertinence d'un stimulus en regard de vos valeurs, de vos préoccupations et de vos objectifs. Si le stimulus n'y correspond pas, la sensation sera perçue comme désagréable et l'émotion comme « négative »

Prise de conscience et présence : Une gestion du temps humaniste favorise la pleine conscience dans l'accomplissement des tâches. Elle encourage à être présent mentalement et émotionnellement dans ce que l'on fait, plutôt que de se précipiter d'une tâche à l'autre.

Encouragement de la créativité : laisser du temps pour la créativité, l'exploration et la croissance personnelle est essentiel dans une approche humaniste. Cela peut inclure du temps pour la réflexion, la lecture, l'art ou d'autres activités qui nourrissent l'esprit en nous accordant un temps « précieux », connectés avec nous-mêmes.

Empathie et respect des autres : une gestion du temps humaniste tient compte des besoins et des priorités des autres. Elle encourage également l'empathie dans les relations interpersonnelles, en comprenant que chacun a ses propres défis et contraintes temporelles, que nul n'est parfait et que chacun a droit aux erreurs, le retour sur expérience étant un des piliers de la progression dans les apprentissages, comme nous le dit ***Stanislas Dehaene*** dans son livre *Apprendre*.

En résumé, une gestion du temps humaniste cherche à équilibrer les exigences de la vie moderne avec les besoins fondamentaux de l'être humain, en mettant l'accent sur la qualité de vie, la satisfaction personnelle et les relations significatives. Elle reconnaît que le temps est un bien précieux à utiliser de manière réfléchie pour cultiver le bien-être individuel et collectif. Il s'agit de vivre un temps où le passé et le futur nourrissent le présent.

1. Planifiez votre journée : avant de commencer votre journée de travail, prenez le temps de planifier votre emploi du temps en déterminant les tâches que vous devez accomplir et en leur attribuant des plages horaires spécifiques.

2. Établissez des priorités : identifiez les tâches qui sont les plus importantes et assurez-vous de les accomplir en premier. Si nécessaire, repoussez ou déléguez les tâches moins importantes, pour cela, vous pouvez hiérarchiser les taches en utilisant une stratégie d'auto-évaluation simple : prenez une feuille et notez dès le matin toutes les tâches que vous devez accomplir dans la journée, à la fin de la journée, prenez une autre feuille et faites la liste de tout ce que vous avez accompli, puis reprenez votre première liste du matin et comparez les deux. Avez-vous rempli vos objectifs ? Avez-vous fait les choses en plus, voire en trop ? Êtes-vous satisfait(e) de votre journée ? *(Que ressentez-vous dans votre corps en comparant ces deux listes, y a-t-il des signaux de stress ?)* La juxtaposition de ces deux listes vous permettra d'évaluer ce qui est important et vous aidera à adapter votre stratégie pour les journées suivantes.

3. Évitez les distractions : les interruptions constantes sont une source de perte de temps. Éteignez votre téléphone portable, ou mettez-le en mode avion l'écran face vers le sol pour ne pas être perturbé par les notifications automatiques qui viendront s'afficher sur l'écran et l'allumer, ainsi vous vous éloignerez de votre boîte email et des réseaux sociaux pendant que vous travaillerez sur des tâches importantes, c'est cela qui vous permettra d'avoir une vraie qualité de présence à vous-même et à votre tâche. Le simple fait de ne pas avoir son

smartphone connecté à côté de soi vous rendra la vie beaucoup plus facile, ne me croyez pas et essayez, vous serez surpris !

4. Utilisez des outils de gestion du temps : utilisez des outils tels que des applications de gestion de tâches ou des agendas pour vous aider à planifier votre temps et à suivre vos progrès, dans votre environnement professionnel comme personnel.

5. Apprenez à dire « non » : si vous êtes surchargé de travail, n'ayez pas peur de dire non à des demandes qui ne sont pas essentielles ou qui ne contribuent pas à vos objectifs à long terme (*l'importance des deux listes vues précédemment*).

6. Prenez des pauses régulières : prendre des pauses régulières vous aidera à rester concentré et productif tout au long de la journée. Accordez-vous des pauses courtes, toutes les heures ou toutes les deux heures, pour vous détendre et recharger vos batteries, vous pouvez « stratégiquement » utiliser ces pauses pour consulter vos emails ou vos réseaux sociaux préférés, vous resterez ainsi « connectés » sans mettre à mal votre concentration pendant votre temps de travail.

En adoptant ces habitudes, vous pourrez gérer votre temps de manière humaniste et proactive, et ainsi éviter les situations de stress et maximiser votre efficacité et votre productivité.

Quelques notions annexes

Certains auteurs, philosophes, ou simplement gourous *new-age*, vous proposeront de travailler sur le « moment présent ».

Telle n'est pas ma vision...

Cet ouvrage n'est pas que le fruit d'une réflexion à propos d'une philosophie de l'instant, bien au contraire il s'agit d'une révolution réellement copernicienne ! Un best-seller littéraire proposait de découvrir *« le pouvoir de l'instant présent »*. Mais qu'en est-il de l'instant présent de quelqu'un atteint d'un cancer de stade 3 ou 4, ou une autre maladie tout aussi grave ? Qu'en est-il de l'instant présent de celui qui est dans le deuil ? Il est évident que pour ces personnes l'instant présent est douloureux, difficile et quant au futur il pourrait paraître improbable, voire absent. Alors pourquoi cette personne ne vivrait-elle pas dans le passé ? L'espace d'un moment de sa vie, si le passé est heureux évidemment, pas celui que l'on regrettera dans le présent, mais celui que l'on pourrait apprécier en s'y reconnectant justement à l'instant présent. Prenons l'exemple du deuil : une patiente arrive en consultation, son mari vient de décéder. Ils avaient tous les deux décidé à la retraite de venir s'installer à l'île de la Réunion. Malheureusement le destin en avait décidé autrement et deux mois seulement après sa retraite, il fait un arrêt cardiaque et décède. Cette patiente n'était connectée dans l'instant présent qu'à la tristesse au manque et au regret. Après plusieurs minutes de discussion, de travail hypnotique et deux boîtes de mouchoirs, elle continuait à pleurer, mais elle riait en même temps, ne comprenant pas ce qui se passait ! une partie d'elle-même était toujours reliée au regret, à la tristesse et au manque, mais une autre partie s'était connectée à tous les bons souvenirs avec son époux, à toutes les belles choses qu'ils avaient vécues ensemble, tous les deux, à tout ce qu'il y avait de bon, de bien et de beau, elle s'était appliqué le principe stoïcien :

« La vie, ce n'est pas attendre que l'orage passe, c'est apprendre à danser sous la pluie ». Sénèque

Le temps et la vitesse

Pour être complètement présent deux paramètres vont être fondamentaux, le temps et la vitesse. En effet, si vous n'avez pas assez de temps, vous ne pouvez pas être complètement là puisque vous allez lui courir après, et si tout va trop vite, vous ne pouvez pas être complètement là non plus puisque vous vous sentirez dépassé et impuissant.

On pourrait en déduire que pour être là, pour être concentré, pour être attentif, il faudrait donc augmenter le temps et réduire la vitesse, n'est-ce pas ? C'est exactement ce qu'il se passe sur la route, lorsque nous conduisons vite, voire trop vite. Notre concentration visuelle se fixe devant nous sur une focale de plus en plus étroite, c'est-à-dire qu'au plus la vitesse sera élevée, au plus notre champ de vision se réduira, et nous ne percevrons plus du tout ce qui se passe en périphérie. Comportement dangereux, car si un véhicule ou un animal décide d'arriver par la droite ou la gauche...

Il en est de même dans l'entreprise, dans votre établissement ainsi qu'au sein de la cellule familiale, si vous voulez évoluer dans un climat sain et confiant, réduisez la vitesse et augmentez le temps !

Comment faire ?

Rappelez-vous de cette anecdote dans le « banquet » de Platon, à un moment donné du repas, Platon s'aperçoit que son maître Socrate n'est plus présent, il le cherche partout et il le trouve à l'extérieur sous un arbre pensif. Il lui demande alors : *« maître tout le monde vous cherche que se passe-t-il, vous ne vous sentez pas bien ? »* et Socrate de lui répondre simplement : *« non mon ami, mais on m'a posé une question forte intéressante à laquelle je ne pouvais pas répondre dans le tumulte du repas, j'avais besoin d'espace et de temps pour y réfléchir ! »*

À la maison, en famille, on peut décider d'augmenter le temps et de réduire la vitesse. Qu'en est-il de l'entreprise, du travail, où dans une optique d'optimisation, on vous demandera d'être de plus en plus rapide, pour des taches de plus en plus nombreuses et dans un temps de plus en plus court ?

Et pourtant...

Ralentir, c'est décider de ce à quoi on va apporter toute notre attention. Vous pouvez déjà, observer ce que vous avez réussi à accomplir à la fin de la journée au regard des objectifs que vous vous étiez fixés la veille (*to do list*) et vous pourrez alors être étonné d'avoir fait beaucoup de choses qui n'étaient absolument pas prévues ! Car en réalité, si on se noie dans le travail sans avoir de stratégie, on risque fort d'arriver à une surcharge mentale générée par le manque de plaisir dans son activité, ce qui à terme, risque d'amener à l'épuisement mental et au burn-out.

Le plaisir et le désir

Le désir c'est le plaisir que l'on projette dans le futur, mais que l'on vit dans le présent, par exemple, penser à ses prochaines vacances crée un sentiment de plaisir dans le présent (*au moment où l'on y pense précisément*). Le désir va générer de la sérotonine, souvent appelée l'hormone du bonheur, qui agit notamment dans la régulation de l'humeur, de l'alternance veille-sommeil, de l'appétit, de la perception de la douleur, de la température du corps, mais aussi de la libido et de la vigilance.

L'effet de la sérotonine sur les émotions est indiscutable et s'explique par la présence de ses récepteurs dans le système limbique (*le cerveau émotionnel*) de manière générale et au niveau de l'amygdale en particulier, deux structures cérébrales très impliquées dans la réponse à la peur et à l'anxiété.

« *On vit avec un cœur trop plein dans un monde trop vide. Et sans avoir usé de rien, on est désabusés de tout* ». Chateaubriand

Savoir gérer l'information

La gestion de l'information de plus en plus abondante, que certains qualifient « d'infobésité », semble constituer un réel problème dans notre société. Nous avons eu lors du chapitre consacré à la gestion des émotions et du stress qui en découle, que notre cerveau ne fait pas la différence entre menace relative et menace absolue, réagissant à toute menace comme si notre vie était en jeu. Or, à cause de cette infobésité, réseaux sociaux, chaînes d'info en continu, nous sommes constamment bombardés de « menaces relatives » et donc de facteurs de stress ! Il s'ensuit que notre cerveau produit une quantité folle d'hormones de stress, et il n'est pas étonnant de retrouver quasiment dans l'ensemble de la population « connectée », des signes tels que : problèmes relationnels ou familiaux, conflits au travail ou surmenage, manque de sommeil, sautes d'humeur, réaction inflammatoire déséquilibrée, problèmes liés à l'alimentation, difficultés à la concentration et à l'apprentissage, et j'en passe...

Vous savez désormais que toutes ces alarmes sont des signaux de stress ! Alors, déconnectez-vous, débranchez votre cerveau de cette infobésité, si vous vous rendez compte que vous êtes « accros », commencez donc par faire une cure de détox. Si les signaux cités précédemment deviennent plus rares, espacés, voire commencent à disparaître, vous avez gagné, mais une fois de plus ne me croyez pas, essayez !

Dans le cadre de l'entreprise, la gestion de l'information devra être laissée à ceux dont c'est le travail, email, courriers, prise de rendez-vous. S'il existe un secrétariat pour cela, il doit remplir cette tâche pour vous laisser du temps non pas pour procrastiner, mais pour penser à l'action, pour anticiper, prévoir et agir.

À retenir :

Le corps c'est de l'émotion incarnée = Apprendre à gérer sa posture et son attitude

Optimiser son rapport au monde : Importance du regard et de la voix / Apprendre à gérer le temps et la vitesse

Gérer l'infobésité = Apprendre à se déconnecter

Évoluer

Que vous soyez dans un cadre professionnel ou scolaire, une bonne santé mentale sera indispensable pour travailler, mais encore plus, pour s'épanouir. Une fois encore, je vais vous parler d'expérience factuelle, en reprenant la pensée d'***Antonio Damasio*** dans son livre *l'erreur de Descartes*, je ne vous guiderais pas dans le célèbre *« je pense donc je suis »*, mais bien plus dans le *« je ressens, donc je suis »*

Les travaux de ***Pierre-Marie Lledo,*** éminent neuroscientifique à l'Institut Pasteur, ont montré que les 2/3 de notre cerveau sont consacrés à l'autre quand le 1/3 restant est consacré à nous-mêmes. Il met en évidence l'importance de cette proportion, les 2/3 du cerveau sont selon lui, une *« chambre d'écho »* à l'autre, qui va nous permettre de rentrer en communication avec autrui, avec son émotion et ainsi de le comprendre. C'est ce qu'on appelle le *« cerveau social »*, siège de l'empathie de la compassion, mais aussi du leadership

« À chaque fois que je pense à mon patron, j'ai une boule dans le ventre », « je t'ai dans la peau », ou encore *« voir la misère me serre le cœur »*, ne sont là que quelques-unes des expressions que l'on emploie pour signifier que notre corps est bien le centre de nos

émotions. La communication et la compassion (ou plutôt ce que nous appellerons la « *neuro-compassion* »), sont deux des piliers de notre « *cerveau social* », et nous découvrirons l'importance de ce concept pour développer et entretenir une bonne santé mentale.

La communication comme outil de compétence

Nomade ou semi-nomade pendant tout le Paléolithique, l'homme est devenu sédentaire au Néolithique, c'est-à-dire il y a environ 10 000 ans, dans une région qu'on appelle aujourd'hui le Proche-Orient. C'est là qu'il inventera l'agriculture, puis l'élevage. Viendra naturellement l'invention de l'écriture vers 6500 ans av. J.-C., qui servira initialement à noter la quantité de têtes de bétail ainsi que les stocks de fourrage à conserver en vue des futures saisons, et deviendra par la suite un outil de transmission et de communication.

L'homme a toujours été dépendant d'autrui, la notion de *« groupe »*, ou de *« communauté »*, a développé chez l'humain un atavisme particulier. Lorsqu'un de nos lointains ancêtres se retrouvait éloigné des autres, ses chances de survie devenaient minimes, voire inexistantes. Certains paléontologues du *Smithsonian Institute* de *Washington* pensent que cela aurait entraîné des modifications épigénétiques, les comportements s'adaptant aux variations de l'environnement, entraînant une transformation de nos cellules génétiques, et un changement de notre code génétique. Une preuve supplémentaire que ce « besoin » de l'autre est toujours inscrit dans nos gènes.

De plus, à l'époque, la communication devait obligatoirement être teintée d'émotions. Vous conviendrez que pour prévenir le groupe du lever du soleil, il fallait dépenser moins d'énergie et de talent de persuasion dans son langage non verbal, que pour les avertir qu'un ours des cavernes était en train d'arriver ! Le langage verbal de nos ancêtres de la préhistoire devait être assez rudimentaire, ainsi la communication pour être compréhensible devait employer d'autres canaux.

On peut déjà déduire deux choses importantes en ce qui concerne l'évolution au niveau de la communication :

- Je suis éloigné du groupe = je suis mort (*donc danger*)

- Je ne te comprends pas = je suis mort (*danger également*)

L'humain est donc depuis bien des années, un être de communication, car celle-ci a toujours été un outil essentiel à sa survie. Or, si communication rime avec survie, on peut en déduire que par atavisme (ou épigénétique), il n'existe pas de communication qui ne contienne pas d'émotion. Certaines personnes pourront vous paraître sans émotion lorsqu'elles parlent, mais le fait de ne pas montrer d'émotions dans son langage verbal (*ou dans le langage corporel*), est-ce vraiment le reflet d'un manque d'émotion ou la conséquence d'un contrôle de ses émotions ? Il pourrait s'agir également d'un cas de misanthropie, voire d'anthropophobie ! Convenez que cette personne aura tout à fait le droit de ne pas aimer les autres, et de l'exprimer dans sa communication, tant que cela ne lui pose pas de problème ni à elle ni à autrui.

Vous aurez compris que c'est plus souvent à l'autre, à celui ou celle avec lesquels notre « *ami* » anthropophobe communiquera que cela risque de poser un problème sauf si, il ou elle, a lu les chapitres précédents...

Vous conviendrez j'espère avec moi que nous avons un peu évolué depuis le néolithique *(je sais en regardant certains comportements, on pourrait quand même se poser quelques questions...)*. Au-delà de la plaisanterie, comment faire de cette communication un outil de compétence ? Et d'ailleurs pourquoi ? N'avez-vous pas envie de comprendre l'autre et d'être compris ? N'avez-vous pas envie, lorsque vous délivrez un message, que celui-ci ne soit pas interprété d'une manière complètement opposée à ce que vous avez vraiment envie de faire passer ? Bien sûr que oui ! Nous en avons tous envie, et vous comprenez maintenant à la lumière du ***Darwinisme*** (*la théorie de l'évolution*), que non seulement nous en avons envie, mais que nous en avons également besoin, et peut être même un besoin vital ! Effectivement, si nous ne sommes pas compris par l'autre, cela active dans notre code génétique : je ne te comprends pas = je suis mort (danger++), et si je n'arrive pas à communiquer suffisamment bien, si je n'arrive pas à être suffisamment intéressant pour les autres et que je suis mis à l'écart, alors cela va activer : je suis éloigné du groupe = je suis mort (danger++).

On peut noter que ce sentiment d'appartenance à une communauté se retrouve aujourd'hui sur les réseaux sociaux, et l'influenceur qui perdra du jour au lendemain une partie de ses « followers » se sentira mal très rapidement, imaginant être oublié. Cette sensation peut s'expliquer « rationnement », si être « influenceur » est son activité principale, car sa qualité de vie risquera d'en pâtir. Cependant, dans son code génétique, une partie archaïque lui murmurera inconsciemment *« si je suis séparé du groupe, je n'ai pratiquement aucune chance de survie »*, cela risquera de le conduire à des actions pas forcément cohérentes pour garder intact son panel d'aficionados.

C'est pour cela que dans l'optique d'une communication vue comme un « *outil de compétence* », nous parlerons de communication *darwinienne.*

Nous avons tous besoin d'être compris, et nombreux sont les exemples dans notre vie quotidienne, de ces phrases que nous avons entendues ou peut-être prononcées *« je ne te comprends »* pas ou *« ce n'est pas ce que je voulais dire »* ces deux phrases qui, si vous observez attentivement, sont souvent accompagnées de signaux non verbaux de peur *(ton de voix qui change, pâleur, énervement, etc.)*

Pour reprendre l'exemple de nos ancêtres des cavernes, la communication à cette époque devait toujours être reliée à une émotion. Afin de faire passer un message à la conscience, ils faisaient d'abord passer une émotion avant le message. Dans ce cas précis, commençons par analyser quelle émotion ai-je envie de faire passer ? Une fois l'émotion définie, cherchez avec quel type de message vous pourriez la faire passer de la manière la plus efficace. Et une fois l'émotion et le type de message définis, demandez-vous : quelles sont la posture et l'attitude idéales pour pouvoir faire passer cette émotion ?

Un exemple : vous souhaitez donner un conseil à un enfant, un proche ou un collaborateur, *« tu devrais te reposer j'ai vraiment l'impression que tu es extrêmement fatigué »*. Quelle est l'émotion importante pour pouvoir faire passer ce conseil ? Confiance, peur, joie, tristesse ?

Quelles sont la posture et l'attitude idéales, pour pouvoir faire passer le message, celle de l'ami, celle du professeur ou celle du sage ? Une fois de plus, pour être efficace, il faut être adaptable ! Émotion, posture et attitude ne seront pas les mêmes suivant la personne à qui vous allez vous adresser. Alors, abandonnez votre rigidité et soyez flexible. Le retour sur expérience, dont nous parlions dans le chapitre consacré à la neuro-ergonomie, sera à nouveau bien utile. Comme dans tout apprentissage, pour la communication, vous avez aussi le droit de vous tromper et vous n'allez pas y arriver forcément la première fois, mais cela doit-il être un frein à votre envie de vous améliorer ?

Alors bien sûr, les ronchons vont me dire que c'est quasiment impossible de faire tout cela à chaque fois que nous communiquons, ont-ils raison ? Dites-leur simplement que la meilleure façon de ne pas réussir, c'est de ne pas essayer !

Basée sur les lois du *Darwinisme*, la communication va alors devenir un outil essentiel de compétence dans la vie personnelle, mais aussi professionnelle. En effet, la capacité à communiquer efficacement avec les autres est un élément clé pour réussir dans de nombreux domaines, tels que les affaires, les relations publiques, la politique, l'éducation, la santé, etc.

En tant qu'outil de compétence, une communication *darwinienne* permettra de :

1. Transmettre des idées clairement : savoir communiquer clairement est un atout majeur dans la vie professionnelle et personnelle. Cela signifie être capable d'exprimer ses idées avec précision, de manière concise et surtout de s'adapter avec flexibilité à son auditoire.

2. Influencer émotionnellement les autres : la communication est un moyen efficace d'influencer les autres. Une communication émotionnelle persuasive n'est pas faite pour persuader les autres de changer d'avis (*sauf en cas de danger, si un ours rentre dans la caverne !*), mais bien plus pour soutenir une idée ou un projet, ou encore, prendre une décision.

3. Construire des relations : la communication est également importante pour établir et entretenir des relations saines. Une communication ouverte, honnête et transparente peut renforcer les relations avec les collègues, les clients, les partenaires commerciaux, les amis et la famille.

4. Résoudre les conflits : la communication peut aider à résoudre les conflits en permettant aux parties impliquées d'exprimer leurs points de vue et de trouver des solutions ensemble, il faudra observer les signaux non verbaux accompagnant la communication, les prendre en compte et les accepter.

5. Établir sa crédibilité : la communication est également un moyen de se positionner en tant qu'expert dans son domaine. Être capable de communiquer de manière claire et convaincante peut aider à établir sa crédibilité et sa réputation professionnelle. Pour cela il faudra respecter les règles relatives à la posture et à l'attitude.

En somme, la communication *darwinienne* est un outil essentiel de compétence qui pourra vous aider à réussir dans de nombreux aspects de votre vie relationnelle.

Neuro-compassion

L'être humain se qualifie par son inachèvement, ce qui nous distingue des autres « animaux » c'est de naître avec un cerveau qui est loin d'être fini. Si vous avez l'occasion d'observer la naissance d'une girafe, vous verrez qu'au bout de seulement quelques heures, elle se met debout sur ses grandes pattes et rejoindre sa mère. Elle répond ainsi au *Darwinisme* et à la sélection naturelle. La vitesse avec laquelle elle construit son cerveau in utero est importante, et va lui donner des pouvoirs pour se développer et survivre dès la naissance. A contrario, le petit de l'humain, malgré le fait qu'il possède dans son code génétique l'instinct de survie (comme *nous l'avons vu dans le chapitre consacré aux émotions*), ne pourra s'en servir réellement qu'au bout de nombreuses années. L'humanité a ainsi choisi une autre stratégie.

Lors de l'évolution, le passage de la quadrupédie à la bipédie a engendré un rétrécissement de la taille du bassin chez l'humain, pourquoi ? Parce que nous n'aurions pas pu marcher ni même courir efficacement si nous avions gardé le bassin évasé et cette forme particulière d'ouverture des hanches que l'on retrouve chez notre lointain cousin le singe. De plus, pour pouvoir se redresser facilement, il fallait que la tête devienne plus légère enfin de ne pas entraîner le poids du corps vers l'avant, une tête plus légère et un bassin plus étroit ont entraîné que pour accoucher, il fallait que l'être humain ait une tête de petite taille, et donc un cerveau pas encore fini. D'où la présence de fontanelles sur le crâne du nourrisson qui vont permettre à son contenu, c'est-à-dire au cerveau, de grandir extra utéro, entraînant ainsi de facto une modification du contenant c'est-à-dire de la boîte crânienne.

On peut conclure que nous nous caractérisons par la procrastination dans le développement de notre cerveau, car nous venons de voir que lorsque nous naissons nous avons un cerveau qui n'est pas fini et que le propre de l'humain sera de continuer à développer son cerveau en dehors de l'utérus, en dehors du placenta. Cette évolution cérébrale continue pratiquement jusqu'à notre mort, les travaux sur la plasticité cérébrale ayant démontré que nous continuons à fabriquer des neurones dans notre cerveau jusqu'à la fin.

Lorsque nous allons être confrontés au monde qui nous entoure, tout au long de notre vie, notre cerveau n'aura de cesse que de vouloir s'adapter en s'ouvrant à l'information que nous pourrons trouver. Grâce à toutes ces informations, nous pourrons acquérir de nouvelles compétences et développer de nouveaux neurones. Vous connaissez peut-être cette citation célèbre *« la vieille ne voulait pas mourir, car tous les jours elle en apprenait davantage »*, nous allons voir que notre cerveau se nourrit du changement et a contrario, va dépérir dans l'inaction et la routine.

Jusqu'à une date relativement récente, vers le début des années 2000, les neuroscientifiques pensaient que le cerveau finissait son développement vers l'âge de 25 ans. Depuis, et vous l'avez probablement lu dans beaucoup d'ouvrages, c'est au tournant des années 2000 que l'on a découvert « la plasticité cérébrale » qui est en fait une vraie « dynamique » du cerveau. Elle s'explique par le fait que si notre cerveau est stimulé en permanence, il continue à se développer. Notre cerveau est informable, et c'est précisément parce qu'il est informable qu'il est déformable. Donc, un cerveau qui continue sans cesse à se développer grâce aux nouvelles informations, c'est un cerveau qui se nourrit du changement, et c'est l'essence même de l'humanité, se nourrir du changement ! Nous sommes le fruit de centaines de milliers d'années d'évolution, caractérisées par des centaines de milliers de changements qui nous ont permis de nous adapter sans cesse à nos différents environnements et donc de survivre.

Toutefois si notre cerveau se nourrit du changement, il se détruit de la routine, à nous d'éviter en permanence cette routine et à continuer à nous interroger et à nous ouvrir au monde qui nous entoure.

Une autre découverte encore plus récente que la plasticité cérébrale : si une partie de notre cerveau est consacrée à nous-mêmes, une partie encore plus importante de notre encéphale est consacrée à l'autre. Des expériences menées en neurosciences, IRM à l'appui, ont permis de mettre en évidence ces régions particulières du cerveau dédiées à l'autre, dédiées à l'interaction avec autrui. Certaines parties du cerveau sont impliquées dans la perception de soi et la conscience de soi, comme le cortex préfrontal, qui est associé à la pensée consciente, à la planification et à la prise de décision. D'autres régions, telles que le cortex pariétal, jouent un rôle dans la représentation du corps et la perception de soi dans l'espace. Cependant, le cerveau humain est également doté de nombreuses régions qui traitent l'information sociale et les interactions avec autrui. Par exemple, le cortex temporal est impliqué dans la reconnaissance faciale et la compréhension de la voix, tandis que le cortex cingulaire antérieur sera associé à l'empathie et à la régulation des émotions dans les interactions sociales. Parler de *neurocompassion* c'est reconnaître ce lien très particulier qui nous relie à l'autre. Comme nous l'avons vu, notre instinct de survie est inscrit dans notre code génétique, nous avons besoin de l'autre à la naissance, et même longtemps après pour quelques-uns d'entre nous (*comme un certain Tanguy...*). Un enfant seul ne peut pas se débrouiller ne peut pas survivre. Il en résulte à la fois un attachement, mais aussi une dépendance, nous avons besoin les uns des autres, et c'est pour cela que nous allons retrouver certaines zones du cerveau dédiées à la relation avec l'autre et que nous pourrons parler de *neurocompassion.*

« La neurocompassion que l'on pourrait résumer ainsi : prendre soin des autres pour prendre soin de soi »

La compassion est une émotion profonde qui se caractérise par la sympathie, l'empathie et le désir sincère d'aider et de soulager la souffrance des autres. La *neurocompassion,* est une étape supplémentaire, elle va bien au-delà de la simple pitié et incite à l'action (*agir*) pour soulager la souffrance. L'IRM permet précisément de visualiser les régions cérébrales impliquées dans cette émotion.

Régions cérébrales impliquées dans la compassion

Le cortex préfrontal, en particulier la région appelée le cortex préfrontal médian, est souvent activé. Cette région est associée à la compréhension des émotions, à la prise de perspective (se mettre à la place d'autrui) et à la régulation émotionnelle.

L'amygdale : petite structure en forme d'amande, située à proximité de l'hippocampe dans le cerveau, elle est responsable de la régulation des émotions, y compris la peur et l'empathie. L'amygdale est souvent moins active lorsque la compassion est ressentie, ce qui peut réduire les réponses émotionnelles négatives et favoriser l'empathie envers les autres.

Le système de récompense : la compassion active également le système de récompense du cerveau, libérant des neurotransmetteurs tels que l'ocytocine et la dopamine ou les endorphines. Ces substances chimiques procurent une sensation de bien-être et de satisfaction, renforçant ainsi le comportement compassionnel. *(Dans le cadre de la neurocompassion il est question de l'ocytocine, que l'on qualifie de manière un peu caricaturale, comme « l'hormone de l'attachement », car c'est le neurotransmetteur que nous allons sécréter lorsque nous pensons à quelqu'un qui a de l'importance pour nous.)* Libération d'endorphines : L'acte de faire du bien aux autres, que ce soit en offrant de l'aide, en donnant de son temps ou en exprimant de la gentillesse, peut libérer des endorphines, des hormones qui procurent une sensation de bien-être et réduisent le stress. Une patiente me disait un jour : *« j'en ai marre d'être toujours celle qui rend service celle qui est gentille »*. On peut avoir un sentiment d'injustice lorsque l'on a l'impression *(qui malheureusement s'avère vraie dans de nombreux cas...)*, que nous sommes toujours à l'origine des bonnes choses et que nous n'avons aucune reconnaissance pour nos bonnes actions. Mais finalement, prenez un peu de recul : lorsque vous faites du bien à autrui, la personne à laquelle vous faites le plus de bien, la première à être récompensée lorsqu'elle fait du bien à autrui, c'est vous-même ! Avez-vous réellement envie d'arrêter de vous faire du bien ?

Le cortex cingulaire antérieur : région du cerveau impliquée dans la régulation des émotions, joue un rôle crucial dans la réponse à la souffrance d'autrui. Lorsque vous ressentez de la compassion, cette région peut s'activer pour vous aider à comprendre et à gérer vos émotions.

Les neurones miroirs : découverts dans les années 1990, ce sont des cellules cérébrales qui s'activent lorsque vous observez quelqu'un d'autre accomplir une action. Ils jouent un rôle essentiel dans l'empathie en vous permettant de vous mettre à la place de la personne en souffrance et de ressentir ce qu'elle ressent. Ils permettraient la compréhension **des intentions,** en activant des schémas neuronaux similaires à ceux de la personne observée, grâce notamment à la **communication non verbale,** les expressions faciales et les gestes, nous aidant à « ressentir » ce que l'autre exprime (cf. *Paul EKMAN*).

Pour conclure avec la *neuro-compassion* : les relations sociales « saines » sont essentielles pour notre santé mentale, car elles offrent un soutien émotionnel, la possibilité de partager des expériences et des émotions, et surtout, elles réduisent le sentiment de solitude, nous l'avons vu précédemment, en décrivant l'atavisme lié à la peur d'être seul.

Il est important de noter que, comme à l'époque des thérapeutes d'Alexandrie, l'équilibre est essentiel, et que prendre soin des autres ne signifie pas ignorer vos propres besoins en matière de santé mentale. Il est crucial de trouver un équilibre entre l'aide aux autres et l'attention portée à votre propre bien-être. Vous connaissez tous l'adage qui dit que *« charité bien ordonnée commence par soi-même »*. Nous ne pouvons partager que ce que nous avons, c'est une évidence, si vous voulez donner de l'argent à quelqu'un il faut en avoir, si vous voulez donner du temps il faut en avoir également pour vous, si vous voulez donner de l'amour il faut en avoir pour vous et donc, si vous voulez partager une bonne santé mentale, il faudra que la vôtre soit de belle qualité.

Le cerveau social, siège du leadership

Il y a environ 3 millions d'années apparaissait l'espèce humaine, les paléontologues et les archéologues, ont retrouvé des crânes de nos ancêtres datant du Néolithique. La forme et le volume du crâne *(c'est-à-dire du contenant, la boîte)* nous donnent des indications sur la configuration, mais aussi le volume et le poids du contenu (*le cerveau*), qui à l'époque ne pesait que 400 g.

Les révolutions du cerveau

Regarder la télévision, utiliser la télécommande et manger des chips, c'est possible avec un cerveau de 400 g à condition de ne pas faire ces trois tâches absolument essentielles (*sic)* en même temps !

Au cours de l'évolution, le cerveau humain a subi plusieurs révolutions consécutives à son adaptation à des environnements différents. Il y a 3 000 000 d'années, l'être humain avec son cerveau de 400 g vivait de la cueillette des fruits de l'arbre dans lequel il avait établi sa demeure, et lorsqu'il avait besoin d'une ration plus protéinée, il allait récupérer un cadavre ou une charogne qui traînait à proximité de son lieu de villégiature. Il vivait dans un environnement tempéré et n'avait besoin ni de s'habiller, ni de se chauffer, et ça tombait bien puisqu'il n'avait pas encore inventé le feu !

Première révolution, les fruits commencent à manquer et notre ancêtre est obligé d'augmenter son périmètre de nourriture, c'est-à-dire qu'il est contraint de se déplacer un peu plus loin. Il découvre alors d'autres espaces, mais aussi d'autres dangers, d'autres animaux. Cette première révolution c'est lorsque notre ancêtre devient un chasseur-cueilleur. L'époque des chasseurs-cueilleurs s'étend sur une période de 3 millions d'années à 10 000 ans avant notre ère.

Les chasseurs-cueilleurs s'organisent ensuite en petits groupes puis en groupes plus importants et lorsque les groupes deviennent encore plus importants, c'est la 2e révolution de notre cerveau, une révolution « sociale ». En effet, groupe plus important = nourriture en quantité plus importante. En conséquence, l'humain commence à avoir besoin de l'autre pour chasser de plus gros animaux. Lorsqu'il est question d'aller chasser un mammouth, il faut être plusieurs pour arriver à terrasser une bête aussi puissante et en même temps cela permet d'avoir de la nourriture en plus grande quantité.

Mais la nourriture recommence à manquer, les groupes vont se scinder, 3e révolution de notre cerveau, le chasseur-cueilleur devient le premier migrant et partir découvrir la planète. Il va être confronté à un environnement plus hostile, découvrir le froid et la neige, mais aussi le désert, et être obligé de s'adapter. Chaque adaptation de notre cerveau constitue une révolution, car de nouvelles aires cérébrales vont apparaître, mais tout cela se fera plus sur plusieurs dizaines de milliers d'années.

La 4e révolution de notre cerveau est plus récente. Nous sommes en 10 000 avant Jésus-Christ, le chasseur-cueilleur devenu migrant, devient sédentaire. C'est le début de petits villages qui vont eux-mêmes se transformer en petites villes, cette 4e révolution de notre cerveau est celle de l'invention de l'agriculture et de l'élevage, la structuration des groupes humains en villages va encore influer sur les réseaux neuronaux, car nous allons avoir besoin au niveau social, de paysans, mais rapidement de beaucoup d'autres petits métiers. Le temps s'accélère, l'évolution va aller de plus en plus vite, désormais c'est entre 8000 ans et 6000 ans avant Jésus-Christ qu'arrive l'invention de l'écriture. Nous sommes dans le bassin mésopotamien entre la ville d'Ur et Babylone, c'est le début de l'écriture cunéiforme, pourquoi l'écriture ? Pour compter les têtes de bétail, gérer les stocks pour l'hiver de céréales, pour la comptabilité, la tradition orale était dépassée.

La 5e révolution est beaucoup plus récente et vous allez voir que le temps accélère encore. Cette révolution proche de nous, date de 1989, 200 ans seulement après la Révolution française en mars 1989, *Tim Berners-Lee* informaticien britannique de génie, invente le *world wide web*. C'est la naissance d'internet et la mise en réseau des informations.

La génération qui suivra s'appellera les « *millennials* », cette « génération internet » qui a toujours vécu avec le *web*, va se retrouver profondément bouleversée par rapport à la génération précédente. Mais vous allez voir que l'invention la plus marquante, la plus significative en termes de changement générationnel est encore plus récente, il s'agit de l'année 2007 et de l'apparition du smartphone.

Au-delà du côté social novateur, c'est la première fois dans l'histoire où le même outil peut être utilisé par tous que l'on soit paysan, ouvrier, cadre, PDG, milliardaire (*même le pape en possède un...*), tout le monde peut avoir un smartphone.

Cette 7ᵉ révolution pour notre cerveau, celle du smartphone est très intéressante à observer. L'imagerie médicale ainsi que des tests psycho comportementaux nous apprennent que chez les jeunes utilisateurs de smartphones, certaines aires cérébrales ne fonctionnent plus de la même façon. Imaginez-vous êtes relié à un disque dur (*et comble du miracle, grâce à la WIFI, tout cela se fait sans fil*) en somme, vous n'avez donc plus besoin d'augmenter votre mémoire sémantique, celle-là même qui fait toute notre culture et qui nous permet de contextualiser les éléments. Lorsque vous avez des connaissances en histoire, en art, en musique, en littérature aussi bien qu'en français, en anglais ou dans les langues étrangères, et bien désormais avec votre smartphone vous n'avez plus besoin de toutes ces connaissances. Il suffit pour cela d'appuyer sur un bouton pour connaître l'événement lié à une date historique, pour avoir un résumé de telle ou telle œuvre littéraire, pour avoir une vidéo d'un concert d'un opéra ou un air de musique, obtenir une règle grammaticale, et même avec un traducteur, vous pourrez utiliser cet appareil pour communiquer directement avec quelqu'un qui ne parle pas la même langue que nous, quel progrès...

Factuellement c'est un progrès, mais à quel prix ?

La mémoire sémantique est en train petit à petit de laisser le pas à la mémoire procédurale, c'est-à-dire que les utilisateurs de smartphone ne se souviendront pas d'une date particulière puisqu'ils ne connaissent plus les événements qui sont liés à cette date, mais ils se rappelleront par contre, de la manière d'arriver à l'information, et ce qu'ils vont stocker au niveau comportemental, ce n'est plus l'information *(mémoire sémantique)*, mais la manière d'y arriver *(mémoire procédurale)*.

J'aurais même pu rajouter une autre révolution celle de l'arrivée des réseaux sociaux. Imaginez, vous avez 2000 followers sur Instagram ou Facebook, mais sur les 2000 vous n'en connaissez réellement que 30... alors à quoi bon ? D'autant que comme nous l'avons vu précédemment, la crainte de ceux qui ont autant de followers c'est de les perdre pourquoi parce qu'inconsciemment ils ont besoin de l'autre, par *Darwinisme*...

La notion d'entraide est un paramètre fondamental pour l'espèce humaine. Nous avons vu qu'elle datait du Néolithique, il y a en effet très longtemps que l'homme a besoin de l'autre pour l'aider, pour le protéger, pour lui donner un manger, lui apprendre certaines choses jusqu'à l'écriture, et tout ça se pratiquait de manière orale : on montrait et on expliquait. L'écriture a permis de diffuser le savoir au-delà de 2 personnes, un livre pouvait enseigner à beaucoup. Démocratisée en 1450 par Gutenberg et l'invention de l'imprimerie, l'écriture a été un formidable moyen de répandre le savoir et la connaissance.

Alors vous comprenez pourquoi on peut parler de « *cerveau social* » en réalisant que notre évolution n'a pas pu se faire sans l'autre.

Certains philosophes des Lumières se sont demandé si l'homme était naturellement compatissant par nature,

Rousseau disait que l'homme naît bon « *La nature a fait l'homme heureux et bon, mais la société le déprave et le rend misérable* » et peut-être avait-il raison s'il parlait du cerveau social, quand Voltaire lui pensait que l'homme ne naît pas bon, mais le devient « *Tout homme naît avec un penchant assez violent pour la domination, la richesse et les plaisirs* ». Bien souvent, lorsque l'on devient adulte on pense, à tort, que l'on a plus besoin des autres, alors que nous sommes le fruit de centaines de milliers d'années d'évolution pendant lesquelles notre survie n'a tenu précisément, que grâce à la présence de l'autre !

En quoi cette notion de « cerveau social » serait-elle le siège du leadership ? Nous avons déjà parlé lors du chapitre consacré à la posture, de l'attitude du leader. Les différentes révolutions du cerveau, surtout les plus récentes, nous ont conduits à marche forcée, vers un individualisme mortifère pour notre cerveau social. Nous pouvons trouver toutes les informations qui nous intéressent sur la toile, sur internet, sur les réseaux sociaux, sur les groupes de partage, ce qui va modifier nos comportements et nous amener à penser inconsciemment que nous n'avons plus besoin les uns des autres. Quand vous sentirez l'hubris vous envahir, ou que vous sombrerez dans l'ivresse de la verticalité, rappelez-vous du *Darwinisme*, dans notre code génétique, il est inscrit que nous avons besoin de l'autre...

Se nourrir du changement

Pourquoi autant de personnes sont effrayées par le changement ? Une nouvelle vie, un nouveau logiciel à installer qui bouleverse notre routine professionnelle, l'arrivée d'un enfant, tant de choses que la plupart d'entre nous vont vivre comme perturbantes alors qu'en fait, comme nous l'avons vu, toute notre évolution n'est qu'une longue suite de changements successifs. Nous sommes le fruit de milliers de changements qui au cours de l'histoire de l'humanité, n'ont été que des adaptations à des environnements différents. Si nos ancêtres ne s'étaient pas adaptés, nous ne serions pas là ! Pas plus moi pour écrire, que vous pour me lire.

Aimeriez-vous avoir une vie plate et monotone ? Certains pourraient dire oui, pensant peut-être que la monotonie c'est traverser la vie sans encombre. Mais vous savez très bien que pour qu'il y ait des hauts, il faut qu'il y ait des bas ! C'est comme décider d'être heureux le matin au lever, décidez de ne plus subir le changement, mais plutôt d'agir quand il arrive. Saisir cette opportunité de découvrir autre chose, une autre capacité, une autre façon de voir, une autre façon de faire, nourrissez-vous du changement comme d'une nouvelle expérience, en ayant toujours en mémoire que la combinaison émotionnelle peut être *surprise + peur,* mais aussi *surprise + joie* !

Ainsi, se nourrir du changement peut être bénéfique pour plusieurs raisons. Tout d'abord, le changement est inévitable dans la vie, en adoptant une attitude positive envers le changement, vous pourrez vous adapter plus facilement aux circonstances de votre vie et éviter de vous sentir dépassé ou débordé.

Ensuite, se nourrir du changement peut aider à stimuler la croissance personnelle et professionnelle. Lorsque vous serez confronté à de nouveaux défis ou à des situations inconnues, vous serez obligé de sortir de votre zone de confort et de développer de nouvelles compétences et capacités pour répondre à ces défis. Cela peut vous aider à progresser dans votre carrière ou à acquérir de nouvelles perspectives et compétences qui peuvent vous aider à réussir dans la vie.

Enfin, se nourrir du changement peut aider à prévenir l'ennui et la stagnation. Lorsque vous êtes coincé dans une routine monotone, votre vie peut devenir terne et dépourvue de sens. Le changement peut apporter de nouvelles opportunités et expériences qui peuvent vous aider à rester motivé et engagé dans la vie. Veillez à garder en mémoire ce concept important, votre cerveau se détruit de la routine et se nourrit du changement !

En résumé, se nourrir du changement peut aider à stimuler la croissance personnelle et professionnelle, à éviter l'ennui et la stagnation, et à vous adapter plus facilement aux circonstances changeantes de la vie.

Le changement est souvent inévitable, donc plutôt que de le craindre ou de le subir, il est préférable de l'embrasser et de l'utiliser comme un moyen de se développer et d'évoluer. Se nourrir du changement peut donc aider à devenir plus résilient et plus adaptatif face aux défis et aux incertitudes de la vie.

À retenir :

Quelles pistes pour évoluer :

Reconnaître son cerveau social / Renouer avec la neurocompassion / Tenir compte du Darwinisme et des révolutions du cerveau / Se nourrir (avec appétit) du changement !

Conclusion

Que vous soyez PDG, manager, DRH, cadre, employé, mari ou femme (*puissant ou misérable comme disait La Fontaine*) vous pouvez désormais partir sur le chemin de la maîtrise de vos émotions.

Vous avez le mode d'emploi, vous avez les outils, vous avez le pouvoir, vous avez compris que le premier pas sur le chemin de l'évolution c'est l'action, et que cette action c'est aussi de l'émotion ! Vous avez intégré le fait que pour avancer avec confiance sur le chemin tortueux de la vie, il faut arrêter de subir et commencer à agir. Ensuite, tout au long de votre route, pour continuer à évoluer, il vous faudra transmettre, en vous connectant à votre cerveau social, pour vous relier à tous ceux qui forment la grande famille humaine.

Si vous êtes manager et que vous voulez que votre équipe soit efficace, comprenez qu'il n'est plus question de flatter vos collaborateurs de manière oiseuse. Au contraire, dites-leur exactement pour quelle raison, vous appréciez leurs qualités. La reconnaissance de l'autre inhérente à notre cerveau social, relié à la peur de se sentir seul et isolé du groupe, est peut-être une des conditions les plus importantes pour que quelqu'un se sente heureux, à sa place, rassuré, partageant l'envie de se sentir intégré dans la « communauté des humains », celui qui donne de l'attention comme celui qui la reçoit, entretient ainsi une bonne santé mentale.

Lorsqu'un collaborateur vous dira qu'il ne se sent pas bien, lorsque votre femme, votre mari, votre enfant ou un ami, vous fera part de son mal-être, peut-être ne comprendrez-vous pas à ce moment-là qu'il ou elle est simplement en train d'exprimer d'une manière émotionnelle, la peur d'être exclu !

Ainsi ne dites plus à votre collaborateur : « *je ne comprends pas pourquoi tu n'es pas bien, je viens de changer la moquette de ton bureau* » ou encore « *pourquoi encore se plaindre, vous venez d'être augmenté !* », ne dites pas à votre femme « *tu n'as pas de raisons d'être malheureuse, on vient de changer de voiture et on part en vacances bientôt !* » ne dites pas à votre mari, « *mais regarde tous les bons petits plats que je te fais* » ou à vos enfants « *je ne comprends pas pourquoi tu es affligé, je te paye tes études, je t'ai même payé une voiture et ton permis à 18 ans* ». Tous ces gens que vous ne comprenez pas, dites-leur la chose la plus importante pour eux, dites-leur que vous les aimez ! La posologie c'est 3 fois par jour, matin midi et soir au minimum, vous ne risquez aucunement de dépasser la dose prescrite et il n'y a ni contre-indication ni effet secondaire... Évidemment vous n'allez pas le dire à un de vos collègues ou à un collaborateur comme vous pourriez le faire avec un proche, mais révélez à l'autre à quel point vous l'appréciez, à quel point il ou elle est important(e) !

Alors, ce faisant vous aurez connecté votre cerveau social à son cerveau social, au-delà d'une simple ou anodine marque de reconnaissance, vous aurez reconnecté deux êtres humains, deux simples humains qui depuis la nuit des temps ont toujours eu besoin l'un de l'autre.

Pour clore cet entretien avec vous, j'aimerais simplement rajouter que l'on ne peut partager que ce que l'on possède. Ainsi, avec la mise en œuvre des outils et des conseils de cet ouvrage, vous pourriez être surpris de découvrir votre chemin éclairé par cette citation de Cicéron :

« *Qu'y a-t-il de meilleur, ou qu'y a-t-il de plus beau, que d'être bon et de faire le bien ?* »

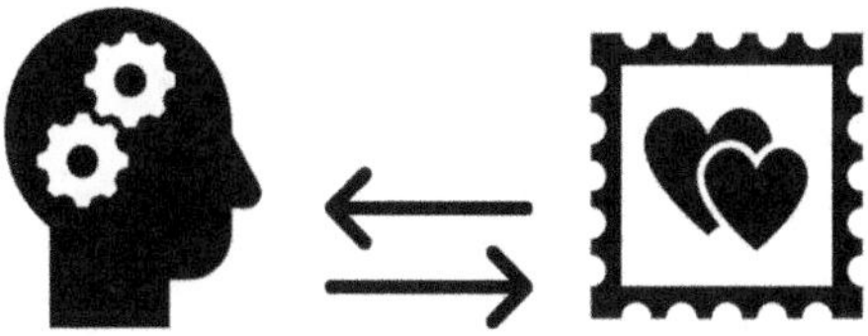

Bibliographie

Antonio Damasio

« L'Erreur de Descartes : La raison des émotions » (1994)

« Le Sentiment même de soi : Corps, émotions, conscience » (1999)

« Spinoza avait raison : Joie et tristesse, le cerveau des émotions » (2003)

Pierre Marie Lledo

« La Naissance du sens » (2016)

Paul Ekman :

« Je sais que vous mentez ! » (*Unmasking the Face: A Guide to Recognizing Emotions from Facial Clues)* — **Paul Ekman et Wallace V. Friesen**

« La voie des émotions : Comment développer son intelligence émotionnelle » *(Emotional Awareness: Overcoming the Obstacles to Psychological Balance and Compassion)* — **Paul Ekman et le Dalaï-Lama**

Stanislas Dehaene

« Comment la conscience contrôle le cerveau » (2014)

« Apprendre ! Les talents du cerveau, le défi des machines » (2018)

Lionel Naccache

« Homme réseau — nable » (2015)

Paul Watzlawick

« Une logique de communication » avec **Janet Helmick & Don D. Jackson** (1972)

« L'invention de la réalité » (1988)

Michael S. Gazzaniga

« Le libre arbitre et la science du cerveau » (2013)

Jiddu Krishnamurti

« Vivre dans un monde en crise » (2008)

« Les limites de la pensée » avec **David Bohm** (2011)

Structures éditoriales du groupe L'Harmattan

L'Harmattan Italie
Via degli Artisti, 15
10124 Torino
harmattan.italia@gmail.com

L'Harmattan Hongrie
Kossuth l. u. 14-16.
1053 Budapest
harmattan@harmattan.hu

L'Harmattan Sénégal
10 VDN en face Mermoz
BP 45034 Dakar-Fann
senharmattan@gmail.com

L'Harmattan Cameroun
TSINGA/FECAFOOT
BP 11486 Yaoundé
inkoukam@gmail.com

L'Harmattan Burkina Faso
Achille Somé – tengnule@hotmail.fr

L'Harmattan Guinée
Almamya, rue KA 028 OKB Agency
BP 3470 Conakry
harmattanguinee@yahoo.fr

L'Harmattan RDC
185, avenue Nyangwe
Commune de Lingwala – Kinshasa
matangilamusadila@yahoo.fr

L'Harmattan Congo
219, avenue Nelson Mandela
BP 2874 Brazzaville
harmattan.congo@yahoo.fr

L'Harmattan Mali
ACI 2000 - Immeuble Mgr Jean Marie Cisse
Bureau 10
BP 145 Bamako-Mali
mali@harmattan.fr

L'Harmattan Togo
Djidjole – Lomé
Maison Amela
face EPP BATOME
ddamela@aol.com

L'Harmattan Côte d'Ivoire
Résidence Karl – Cité des Arts
Abidjan-Cocody
03 BP 1588 Abidjan
espace_harmattan.ci@hotmail.fr

Nos librairies en France

Librairie internationale
16, rue des Écoles
75005 Paris
librairie.internationale@harmattan.fr
01 40 46 79 11
www.librairieharmattan.com

Librairie des savoirs
21, rue des Écoles
75005 Paris
librairie.sh@harmattan.fr
01 46 34 13 71
www.librairieharmattansh.com

Librairie Le Lucernaire
53, rue Notre-Dame-des-Champs
75006 Paris
librairie@lucernaire.fr
01 42 22 67 13

www.ingramcontent.com/pod-product-compliance
Lightning Source LLC
LaVergne TN
LVHW021222061026
849535LV00008B/2872